Leitfaden

für den Unterricht

in

der Planimetrie

von

Friedr. Heime,

Ober-Lehrer an der Königstädtischen Realschule in Berlin.

Berlin,

Druck und Verlag von Georg Reimer.

1854.

Vorwort.

Dieser Leitfaden verdankt seine Entstehung vornehmlich dem Bedürfnisse, in einer ausgedehnten Schulanstalt Gleichartigkeit des Unterrichts zu erzielen. Er soll außerdem dem Schüler eine dauernde Uebersicht der planimetrischen Sätze gewähren und seine Selbstthätigkeit anspornen; dabei jedoch dem Lehrer hinlänglichen Raum für die Kraft seines Unterrichts gestatten. Die Andeutungen zu den Beweisen der Sätze und den Lösungen der Aufgaben sind daher möglichst kurz gehalten, und Zeichnungen nur dann hinzugefügt, wenn ohne sie die Kürze hätte beeinträchtigt werden müssen. In Ansehung der Folgerungen und Aufgaben, welche den entsprechenden Abschnitten beigefügt sind, ist es meist dem Ermessen des Lehrers anheimgegeben, was aus ihnen in Rücksicht der Zeit, der Fähigkeit und des Bedürfnisses der Schüler zu wählen sei. Eine kurze Darstellung von der Ausziehung der Quadratwurzel unter den Aufgaben des fünften Abschnitts ist aufgenommen worden; theils, um für das Folgende nichts vorauszusetzen, was nicht vorher seine Begründung gefunden habe; theils, um auch hier die Fassungskraft des Schülers durch eine rein geometrische Anschauung zu unterstützen. Ueberhaupt wollen sämmtliche Abweichungen dieser Schrift von den übrigen ihrer Art mehr Einfachheit und Faßlichkeit des Unterrichts herbeiführen, so wie dem Schüler das Eindringen in zusammengesetztere Aufgaben und Theoreme erleichtern. Es ist kaum nöthig hinzuzufügen, daß der Lehrer da, wo es angeht, für das leichtere Verständniß, sich, statt der allgemeinen Zahlengrößen, zuerst der bestimmten Zahl bedienen, und so den Schüler durch inductives Verfahren zur Abstraction erheben wird.

H.

Inhalt.

Vierter Abschnitt.

Parallelogramm-Sätze.

Fünfter Abschnitt.

Vergleichung der Flächen.

Sechster Abschnitt.

Vergleichung der Dreiecksseiten und ihrer Theile.

Siebenter Abschnitt.

Von der Aehnlichkeit.

Achter Abschnitt.

Der Kreis.

Neunter Abschnitt.

Lösung geometrischer Aufgaben durch Algebra.

Zehnter Abschnitt.

Construktion algebraischer Ausdrücke.

Verbesserungen.

Seite 1: lies „Erklärungen“ statt Erklärung.
" 13, im §. 12, 10: lies „§. 2, 4b“ statt §. 4b.
" 16, im §. 13, 18: lies „$R - \frac{a}{2}$“ statt $\frac{R-a}{2}$.
" 18, im §. 16, 4b muß „und einem von ihnen gebildeten Winkel“ wegfallen.
" 30, in Fig. 16: lies „q“ statt des untersten p.

Einleitung.

§. 1.

Erklärung.

1) Ein von allen Seiten begrenzter Raum heißt ein Körper.

2) Bei dem Raume, welchen die Körper einnehmen, unterscheidet man drei Richtungen: Länge, Breite, Höhe (Dicke).

3) Die Grenzen der Körper heißen Flächen; man unterscheidet bei ihnen zwei Richtungen: Länge und Breite.

4) Die Grenzen der Flächen sind Linien; sie haben nur eine Richtung: Länge.

5) Die Grenzen der Linien sind Punkte; sie haben keine Richtung.

6) Eine Linie heißt gerade, oder eine Gerade, wenn sie in allen ihren Punkten dieselbe Richtung hat; krumm, wenn kein Theil gerade ist; die Gerade, welche zwei Punkte verbindet, heißt die Entfernung der beiden Punkte von einander.

7) Eine Fläche heißt eben, oder eine Ebene, wenn alle Linien, die man in ihr ziehen kann, gerade sind; krumm, wenn dies nicht der Fall.

8) Jede begrenzte Fläche heißt Figur.

9) Figuren, welche sich nicht von einander unterscheiden, nennt man congruent.

10) Jede begrenzte Ebene heißt eine ebene Figur; man unterscheidet geradlinige und krummlinige ebene Figuren.

11) Jede von drei Geraden gebildete ebene Figur heißt Dreieck (Seite, Spitze), von vier Geraden Viereck, von mehr als vier Vieleck.

12) Diejenige ebene krummlinige Figur, bei welcher jeder Punkt von einem und demselben Punkte gleichweit entfernt ist, heißt ein Kreis; dieser eine Punkt sein Mittelpunkt (Centrum); jede der gleichen Entfernungen sein Halbmesser (Radius); jede zwei derselben, welche eine Gerade bilden, sein Durchmesser; der ganze Umfang der Figur Peripherie; jeder Theil derselben Bogen.

13) Die Planimetrie beschäftigt sich mit den ebenen geradlinigen Figuren und dem Kreise.

§. 2.

Grundsätze.

1) Das Ganze ist größer als sein Theil.

2) Sind zwei Größen einer dritten gleich, so sind sie unter einander gleich.

Anmerk. Größe nennt man Alles, was zu- und abnehmen kann.

3) a. Gleiches zu Gleichem addirt,
b. von Gleichem subtrahirt,
c. mit Gleichem multiplicirt,
d. durch Gleiches dividirt,
giebt beziehlich gleiche Summen, Reste, Produkte, Brüche, (Quotienten).

4) a. Gleiches zu Ungleichem addirt,
b. von Ungleichem subtrahirt,
c. mit Ungleichem multiplicirt,
d. durch Ungleiches dividirt,
giebt beziehlich ungleiche Summen, Reste, Produkte, Brüche.

5) Congruente Figuren decken sich, und Figuren, welche sich decken, sind congruent.

Erster Abschnitt.

Von den Winkeln und den Parallellinien.

§. 3.

Erklärungen.

1) Linien, welche nie zusammen treffen, soweit man sie auch verlängert, heißen Parallellinien.
2) Die Neigung zweier Linien gegen einander heißt Winkel, (Scheitelp., Spitze, Schenkel).
3) Ein Winkel, dessen Schenkel eine Gerade bilden, heißt ein gestreckter W.
4) Ein Winkel, welcher kleiner ist als ein gestreckter Winkel, heißt ein hohler, welcher größer ist, ein erhabener Winkel.
5) Jeder W., welcher die Hälfte von einem gestreckten W. ist, heißt ein rechter W. (spitz, stumpf; senkrecht, normal, lothrecht).
6) Winkel, welche einen Schenkel gemeinschaftlich haben, und deren anderen beiden Schenkel eine Gerade bilden, heißen Nebenwinkel.
7) Jede zwei Winkel, von welchen der eine durch die verlängerten Schenkel des andern gebildet wird, nennt man Scheitelwinkel.
8) Werden zwei Geraden von einer dritten geschnitten, so nennt man
   a) jede zwei Winkel, welche an derselben Seite der Schneidenden und der Geschnittenen liegen, Gegenwinkel;
   b) jede zwei Winkel, welche an verschiedenen Seiten der Schneidenden und der Geschnittenen liegen, Wechselwinkel;

c) jede zwei Winkel, welche an derselben Seite der Schneidenden, aber entgegengesetzten Seiten der Geschnittenen liegen, entgegengesetzte Winkel.

Anmerk. Man unterscheidet äußere und innere Wechselw., so wie äußere und innere entgegengesetzte W.

§. 4.

Grundsätze.

1) Alle Geraden, von welchen jede durch dieselben zwei Punkte geht, fallen in eine einzige zusammen.
2) Zwei Geraden können sich nur in einem Punkte schneiden.
3) Schneiden sich zwei Geraden, so giebt es keine dritte, welche parallel ist mit einer jeden von ihnen.
4) Gleiche Winkel decken sich.

1) Von den Winkeln.

§. 5.

Lehrsätze.

1) Ein gestreckter W. ist gleich 2 R., ein hohler W. kleiner, ein erhabener W. größer als 2 R.

Beweis. Durch §. 3, 5. u. 4.

2) Alle gestreckten W. sind einander gleich.

Bew. Durch §. 4, 1.

3) Alle rechte W. sind einander gleich.

Bew. Durch Nr. 2 u. §. 3, 5.

4) Nebenwinkel sind gleich 2 R.

Bew. Durch Nr. 1, da sie einander zu einem gestreckten W. ergänzen.

5) Gleiche Winkel haben gleiche Nebenwinkel.

Bew. Durch Nr. 4.

6) Betragen zwei Winkel mit gemeinschaftlichem Scheitelp. und Schenkel 2 R., so sind es Nebenwinkel.

Bew. Es würde sonst, gegen Nr. 1, ein hohler oder ein erhabener W. = 2 R. sein.

7) Alle Winkel, welche an einer Seite einer Geraden um einen Punkt liegen, sind zusammen = 2 R.; alle Winkel um einen Punkt herum sind zusammen = 4 R.

Bew. Durch Nr. 4.

8) Scheitelwinkel sind gleich.

Bew. Es sind Nebenw. zu einem und demselben W. (Nr. 5).

9) Gleiche W. haben gleiche Scheitelw.

Bew. Durch Nr. 8.

10) Bilden von zwei gleichen W. mit demselben Scheitelp. zwei Schenkel eine Gerade, und liegen sie an verschiedenen Seiten derselben; so sind es Scheitelw.

Bew. Durch Nr. 4 und 6.

11) Werden zwei Geraden von einer dritten geschnitten, und sind

a) zwei Gegenw. gleich; so sind alle Gegenw. gleich, so wie alle Wechselw. und die entgegengesetzten W. betragen 2 R.,

b) zwei Wechselw. gleich; so sind alle Wechselw. gleich, so wie alle Gegenw. und die entgegengesetzten W. betragen 2 R.,

c) zwei entgegengesetzte W. = 2 R.; so sind alle entgegengesetzte W. 2 R., alle Gegenwinkel gleich und alle Wechselw.

Bew. Durch 4, 5, 8, 9, §. 2, 2 und 3b.

2) Von den Parallel-Linien.

§. 6.

Lehrsätze.

1) Durch einen Punkt außerhalb einer Geraden ist mit dieser nur eine Parallele möglich.

Bew. Durch §. 4, 3.

2) Sind zwei Geraden einer dritten parallel, so sind sie unter einander parallel.

Bew. Durch §. 4, 3.

3) Sind zwei Gegenw., oder zwei Wechselw. gleich, oder zwei entgegengesetzte W. gleich 2 R.; so laufen die Linien parallel.

Bew. Träfen sie sich bei der Gleichheit zweier Gegenw., so würden wegen §. 5, 8 und 11 a die Räume zu beiden Seiten der Schneidenden und zwischen den Geschnittenen sich decken, was wegen §. 4, 1 unmöglich. Wegen §. 5, 11 b u. c ist nun auch das Zweite und Dritte wahr.

4) Bei Parallelen sind die Gegenw. gleich, so wie die Wechselwinkel, und die entgegengesetzten W. gleich 2 R.

Bew. Wären die Gegenw. nicht gleich, so entstände, wenn man gleiche bildete, wegen §. 4, 3 etwas Unmögliches. Wegen §. 5, 11 a ist nun auch das Zweite und Dritte wahr.

5) Sind zwei innere entgegengesetzte W. kleiner als 2 R., so treffen sich die Linien.

Bew. Es entstände sonst, wenn durch Ansetzung aus den entgegengesetzten Winkeln 2 R. gebildet würden, wegen Nr. 4 und §. 4, 3, etwas Unmögliches.

§. 7.

Folgerungen.

1) Die Halbirungslinien zweier Nebenw. stehen aufeinander senkrecht.

Bew. Durch §. 5, 4.

2) Stehen zwei Geraden senkrecht auf einer dritten, so sind sie parallel.

Bew. Durch §. 6, 3.

3) Von einem Punkte außerhalb einer Geraden ist auf dieselbe nur eine Senkrechte möglich.

Bew. Durch Nr. 2.

4) Von einem Punkte in einer Geraden ist auf dieselbe nur eine Senkrechte möglich.

Bew. Durch §. 5, 3 und §. 4, 4.

5) Jede zwei auf den Schenkeln eines nicht gestreckten W. senkrecht stehende Linien treffen sich.

Bew. Durch §. 6, 5, nachdem die Fußpunkte beider Senkrechten durch eine Gerade verbunden.

6) Winkel mit parallelen Schenkeln, bei welchen die Gerade durch ihre Scheitelpunkte innerhalb oder außerhalb beider fällt, sind gleich.

Bew. Durch §. 6, 4.

7) Winkel mit parallelen Schenkeln, bei welchen die Gerade

durch ihre Scheitelpunkte bei dem einen innerhalb, bei dem anderen außerhalb fällt, sind = 2 R.

Bew. Durch Nr. 6 und §. 5, 4.

Zweiter Abschnitt.

Von den geradlinigen Figuren in Bezug auf ihre Winkel.

§. 8.

Erklärungen.

1) Bei den geradlinigen Figuren heißt jeder Winkel, durch Verlängerung einer ihrer Seiten entstanden, Außenwinkel; jeder hohle W. außerhalb, nicht durch Verlängerung entstanden, einspringender Winkel.

2) Ein Viereck, dessen gegenüberliegende Seiten parallel laufen, heißt Parallelogramm; ein Viereck, bei welchem nur zwei Seiten parallel laufen: Trapez.

3) Jede Gerade, welche zwei Ecken eines Vier- oder Vielecks verbindet, ohne Seite desselben zu sein, heißt Diagonale.

§. 9.

Lehrsätze.

1) In jedem Dreiecke beträgt die Summe der drei Winkel 2 R.

Fig. 1.

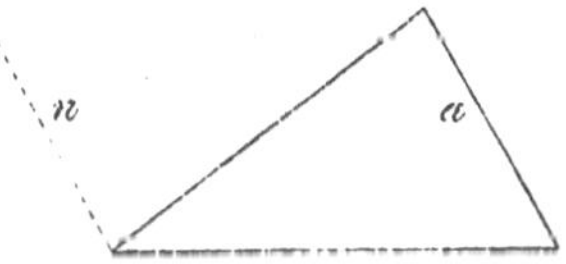

Bew. Durch §. 6, 4, nachdem z. B. *n* parallel *a* gedacht.

(Rechtwinklige, stumpfwinklige, spitzw. Dreiecke; Hypotenuse, Katheten.)

2) Sind in zwei Dreiecken zwei Winkel einzeln einander gleich, so sind es auch die dritten.

Bew. Durch Nr. 1.

3) Der Außenw. eines Dreiecks ist so groß wie die beiden inneren W., wovon keiner sein Nebenw. ist.

Bew. Durch Nr. 1 und §. 5, 4.

Fig. 2.

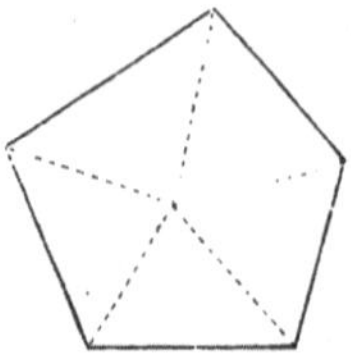

4) Alle W. eines 4Ecks $= 4 \cdot 2 - 4 = 4 R$.
= = = 5 = $= 5 \cdot 2 - 4 = 6 R$.
. . . .
= = = n = $= (n \cdot 2 - 4) R$.

Bew. Durch Nr. 1 und §. 5, 7.

5) Die 3 Außenw. eines 3Ecks $= 3 \cdot 2 - 2 = 4 R$.
= 4 = = 4 = $= 4 \cdot 2 - 4 = 4 R$.
= 5 = = 5 = $= 5 \cdot 2 - 6 = 4 R$.
. . . .
= n = = n = $= n \cdot 2 - (n \cdot 2 - 4) = 4 R$.

Bew. Durch Nr. 4 und §. 5, 4.

§. 10.

Folgerungen.

1) Jeder W. eines gleichwinkl. 3Ecks $= \frac{2}{3} R$.
= = = = 4 = $= \frac{4}{4} R$.
= = = = 5 = $= \frac{6}{5} R$.
. . . .
= = = = n = $= \frac{n \cdot 2 - 4}{n} R$.

Bew. Durch §. 9, 1 und 4.

2) Jeder Außenw. eines gleichw. 3Ecks $= \frac{4}{3} R$.
= = = = 4 = $= \frac{4}{4} R$.
= = = = 5 = $= \frac{4}{5} R$.
. . . .
= = = = n = $= \frac{4}{n} R$.

Bew. Durch §. 9, 5.

3) Bei jedem Viereck mit einspringendem W. ist derselbe gleich den drei hohlen inneren.

Bew. Durch §. 9, 1, nachdem eine der beiden Diagonalen gezogen.

4) Bei jedem Viereck mit einspringendem W. sind die drei hohlen inneren zusammen kleiner als 2 R., die hohlen und der erhabene aber $= 4$ R.

Bew. Durch Nr. 3 und §. 5, 7.

Anmerk. Eben so läßt sich der einspringende W. bei Figuren, von mehr als vier Seiten, mit der Summe der inneren W. vergleichen, so wie diese mit dem rechten W.; ferner die Summe von zwei und mehr einspringenden W. mit den inneren, und diese wieder mit dem rechten.

5) Jede zwei W. eines Parallelog. an derselben Seite, und eines Trapezes an den nicht parallelen Seiten, sind = 2 R.

Bew. Durch §. 6, 4.

6) Ist in einem Parallelog. ein W. 1 R., so ist jeder der übrigen 1 R.

Bew. Durch Nr. 5.

7) In jedem Parallelog. sind jede zwei W. gleich, welche nicht an derselben Seite liegen.

Bew. Durch §. 7, 6.

8) In jedem Parallelog. schneidet die Diagonale wechselseits gleiche W. ab.

Bew. Durch §. 6, 4.

9) Sind in einem Viereck jede zwei entgegengesetzte W. = 2 R., oder schneidet die Diagonale wechselseits gleiche W. ab; so ist dasselbe ein Parallelog.

Bew. Durch §. 6, 3.

Dritter Abschnitt.

Von der Congruenz.

§. 11.

Lehrsätze.

1) Dreiecke sind congruent, wenn in ihnen zwei Seiten und der von ihnen eingeschlossene W. einzeln gleich sind.

Bew. Durch Deckung, mit Hülfe von §. 4, 1.

2) Dreiecke sind congruent, wenn in ihnen eine Seite und zwei W. einzeln gleich sind.

Bew. Durch Deckung, mit Hülfe von §. 4, 2, und, wenn die gegebenen W. nicht an der gleichen Seite liegen, noch mit Hülfe von §. 9, 2.

3) In jedem Dreiecke mit zwei gleichen Seiten sind die W. gleich, welche ihnen gegenüber liegen.

Bew. Durch Nr. 1, nachdem durch Halbirung des W., zwischen den gleichen Seiten, zwei Dreiecke gebildet worden.

Anmerk. Ein Dreieck mit zwei gleichen Seiten heißt gleichschenklig, die Seite außer den gleichen Schenkeln: Grundlinie; ein Dreieck mit drei gleichen Seiten: gleichseitig.

4) Jedes Dreieck mit zwei gleichen Winkeln ist gleichschenklig.

Bew. Durch Nr. 2, nachdem durch Halbirung des dritten Winkels zwei Dreiecke gebildet worden.

5) In jedem Dreiecke liegt der größeren Seite der größere W. gegenüber.

Bew. Durch Nr. 3 und §. 9, 3; nachdem durch Abtragung der kleineren auf der größeren Seite ein gleichschenkl. Dreieck gebildet worden.

6) In jedem Dreiecke liegt dem größeren W. die größere Seite gegenüber.

Bew. Wegen Nr. 3 und 5 kann sie weder gleich der Seite sein, welche dem kleineren W. gegenüber liegt, noch kleiner als dieselbe.

7) Dreiecke sind congruent, wenn in ihnen zwei Seiten und ein gegenüber liegender W. einzeln gleich, und die anderen beiden gegenüber liegenden W. nicht gleich 2 R. sind.

Fig. 3.

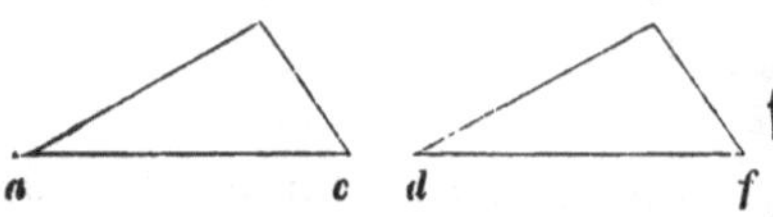

Bew. Beim Aufeinanderlegen deckt *ef* die *bc*, *df* fällt entlang *ac*, und *d* kann weder rechts noch links von *a* fallen, wegen Nr. 3 und §. 5, 4.

Anmerk. Sind die den gleichen W. gegenüber liegenden Seiten die größeren, so ist der letzte Theil des Satzes erledigt durch Nr. 5 und §. 9, 1.

8) In jedem Dreiecke ist die Summe zweier Seiten größer als die dritte.

Bew. Durch Nr. 6; nachdem auf die dritte Seite von der gegenüber liegenden Spitze eine Normale gedacht.

Anmerk. Bezeichnen a, b, c die Seiten eines Dreiecks, so ist $a+b>c$, also $a>c-b$, $b>c-a$ u. s. w., d. h. in jedem Dreiecke ist die Differenz zweier Seiten kleiner als die dritte.

9) Sind in zwei Dreiecken zwei Seiten einzeln gleich, die von ihnen eingeschlossenen W. ungleich; so liegt dem größeren von beiden die größere Seite gegenüber.

Bew. Man kann das Dreieck mit dem kleineren W. immer so auf das andere legen, daß die eine Seite jenes innerhalb, die andere außerhalb dieses fällt. Hiernach vergleicht man durch Nr. 8 die vier Stücke der beiden sich Schneidenden mit den beiden Seiten, welche sich nicht decken, und wendet §. 2, 4b an.

Fig. 4.

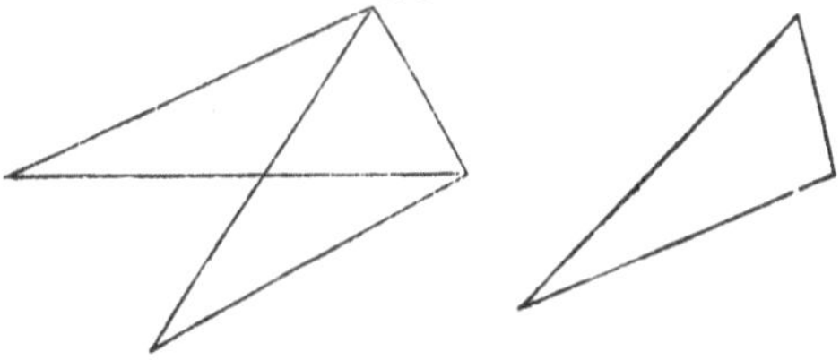

10) Sind in zwei Dreiecken zwei Seiten einzeln gleich, die dritten ungleich, so liegt der größeren von diesen der größere W. gegenüber.

Bew. Er kann wegen Nr. 1 und 9 weder gleich dem sein, welcher der kleineren S. gegenüber liegt, noch kleiner als derselbe.

11) Dreiecke sind congruent, wenn in ihnen die drei Seiten einzeln gleich sind.

Bew. Wegen Nr. 9 sind es auch die Winkel.

§. 12.

Folgerungen.

1) Jedes gleichwinklige Dreieck ist gleichseitig und jedes gleichseitige Dreieck gleichwinklig.

Bew. Durch §. 11, 4 und 3.

2) Unter allen Linien von einem Punkte nach einer Geraden ist die senkrechte die kleinste; die übrigen sind um so größer, je weiter ihre Endpunkte von dem Fußpunkte der Senkrechten abstehen.

Bew. Durch §. 11, 6 und §. 9, 3.

Anmerk. Die Senkrechte von einem Punkte auf eine Gerade heißt die Entfernung des Punktes von der Geraden; die Senkrechte von der Spitze eines Dreiecks auf die Gegenseite oder ihre Verlängerung: die Höhe des Dreiecks, die Gegenseite: seine Grundlinie; die Senkr. von einem Punkte einer Seite eines Parallelog. auf die gegenüber liegende Seite oder ihre Verlängerung: die Höhe des Parallelog., die Gegenseite: seine Grundlinie; die Gerade von der Spitze eines Dreiecks auf die Mitte der Gegenseite: seine Mittellinie.

3) Beim gleichschenkligen Dreiecke

a. ist die Gerade, welche den Winkel zwischen den gleichen Schenkeln halbirt, Höhe und Mittellinie zugleich;

b. halbirt die Höhe auf die Grundlinie den W. an der Spitze und ist Mittellinie;

c. halbirt die Mittellinie auf die Grundlinie den W. und ist Höhe;

d. trifft jede Senkrechte aus der Mite der Grundlinie die Spitze und halbirt den Winkel.

Bew. a durch §. 11, 1 und §. 5, 4; b durch §. 11, 7; c durch §. 11, 11; d durch b und §. 5, 3.

4) Die Halbirungslinien zweier W. eines Dreiecks schneiden sich, und ihr Schneidep. ist von den Seiten gleich weit entfernt.

Bew. Durch §. 6, 5 und §. 11, 2.

5) Die drei Geraden, welche die Winkel eines Dreiecks halbiren, schneiden einander in einem Punkte.

Bew. Es entstände sonst, wenn man den Schneidep. von zwei der Geraden mit der dritten Dreiecksspitze verbände, wegen §. 11, 7 und §. 2, 1 etwas Unmögliches.

6) Die Senkrechten aus den Mitten zweier Seiten eines Dreiecks schneiden sich, und ihr Schneidep. ist von den Spitzen gleich weit entfernt.

Bew. Durch §. 7, 5 und §. 11, 7.

7) Die drei Senkrechten aus den Mitten der Seiten eines Dreiecks schneiden sich in einem Punkte.

Bew. Es entstände sonst, wenn aus dem Schneidep. von zwei der Senkrechten eine Senkr. auf die dritte Seite gedacht würde, wegen §. 11, 7 und §. 7, 4, etwas Unmögliches.

8) Im rechtwinkligen Dreiecke ist die Mittellinië auf die Hypotenuse die Hälfte derselben.

Bew. Sie kann wegen §. 11, 5 und §. 9, 1 weder kleiner noch größer sein, als die halbe Hypotenuse.

9) Ist in einem Dreieck die Mittellinie die Hälfte der Seite, welche sie halbirt, so ist das Dreieck rechtwinklig.

Bew. Durch §. 11, 3 und §. 9, 1.

Anmerk. Daher läßt sich um jedes rechtw. Dreieck ein Halbkr. legen; und jedes Dreieck auf dem Durchm. eines Kreises und mit der dritten Spitze in der Peripherie desselben, hat daselbst einen rechten W.

10) Haben ein Dreieck und ein nEck mit lauter hohlen Winkeln eine gemeinschaftliche Seite, und liegt der übrige Theil des nEcks im Dreiecke; so sind die zwei einschließenden Seiten des Dreiecks größer als alle umschlossenen des nEcks.

Bew. Durch §. 11, 8 und §. 4b; nachdem jede Seite des nEcks bis an eine und dieselbe Seite des Dreiecks verlängert worden.

11) Unter allen Dreiecken auf einer und derselben Seite, und deren Spitzen in einer und derselben Geraden liegen, hat dasjenige den kleinsten Umfang, dessen Seiten mit dieser Geraden gleiche W. bilden.

Fig. 5.

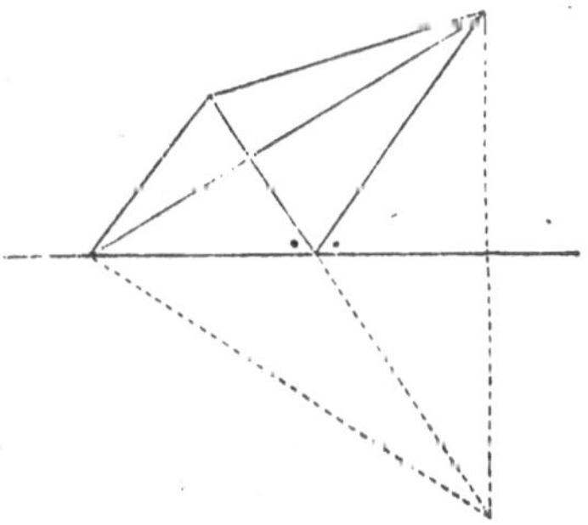

Bew. Durch 11, 8; nachdem eine Seite dieses Dreiecks über die Gerade hinweg verlängert, seine Höhe auf die Gerade bis zu der verlängerten Seite hin gezogen, und die Spitzen der übrigen Dreiecke mit diesem Schneidep. verbunden worden.

12) Unter allen Dreiecken auf derselben Seite und zwischen denselben Parallelen hat das gleichschenklige den kleinsten Umfang.

Bew. Durch Nr. 11.

§. 13.

Aufgaben.

1) Ein Dreieck zu zeichnen aus drei Seiten, von denen je zwei größer als die dritte.

Auflösung. Durch zwei Kreise.

Bew. Wegen §. 11, 8 schneiden sich die Kreise.

2) Einen Winkel zu zeichnen, welcher einem gegebenen gleich ist.

Aufl. u. Bew. Durch Nr. 1 und §. 11, 11.

3) Durch einen gegebenen Punkt zu einer Geraden eine Parallele zu legen.

Aufl. u. Bew. Durch Nr. 2 und §. 6, 4.

4) Ein Dreieck aus zwei Seiten und dem von ihnen eingeschlossenen W. zu zeichnen.

Aufl. u. Bew. Durch Nr. 2 und §. 11, 1.

5) Ein Dreieck aus einer Seite und zwei W. zu zeichnen.

Aufl. u. Bew. Durch Nr. 2 und §. 11, 2.

Anmerk. Beide gegebene W. müssen kleiner sein als 2 R. Sollen sie nicht an der gegebenen S. liegen, so sucht man erst ihre Ergänzung zu 2 R.

6) Ein Dreieck aus zwei Seiten und einem W., welcher der größeren von beiden gegenüber liegen soll, zu zeichnen.

Aufl. u. Bew. Durch Nr. 2 und §. 11, 7.

Anmerk. Soll der W. der kleineren Seite gegenüber liegen, so ist ein Dreieck möglich, wenn die kl. S. gleich der Senkr. von dem Endp. der großen auf die dritte; zwei, wenn sie größer; keins, wenn sie kleiner ist.

7) Ein Dreieck aus zwei Seiten und der Mittellinie auf die dritte zu zeichnen.

Aufl. u. Bew. Beschreibe über der doppelten Mittellinie mit den gegebenen Seiten ein Dreieck, verbinde seine dritte Spitze mit dem Mittelpunkte der doppelten Mittell., verlängere um dieselbe Strecke, und verbinde den Endp. mit der entsprechenden Dreiecksspitze; §. 11, 1.

Anmerk. Bei den Lösungen geometr. Aufgaben befolgt man die Regel, daß man sich die Aufgaben als schon gelöst vorstellt, Eigenschaften, den Bedingungen der Aufgabe gemäß, ermittelt, und so auf die Lösung zu gelangen sucht.

8) Einen Winkel zu halbiren.

Aufl. u. Bew. Durch zwei gleichschenklige Dreiecke und §. 11, 11.

9) Eine Gerade zu halbiren.

Aufl. u. Bew. Durch zwei gleichschenklige Dreiecke und §. 11, 11 und §. 11, 1.

10) In einem Punkte einer Geraden eine Senkrechte zu errichten.

Aufl. u. Bew. Durch ein gleichschenkl. Dreieck und §. 12, 3c.

Anmerk. Ist der gegebene Punkt der Endp. der Geraden, ebenfalls durch ein gleichschenkl. Dr., von dem einer der gleichen Schenkel um seine Größe verlängert und der Endp. mit dem gegebenen Punkte verbunden wird, §. 12, 9.

11) Von einem Punkte außerhalb einer Geraden eine Senkrechte auf diese zu fällen.

Aufl. u. Bew. Durch ein gleichschenkl. Dr. u. Nr. 8.

12) In einer gegebenen Geraden den Punkt zu finden, welcher von den Punkten *a*, *b*, außer ihr, gleich weit entfernt ist.

Aufl. u. Bew. Errichte in der Mitte von *ab* eine Senkr.; ihr Schneidep. mit der Geraden ist der verlangte Punkt; §. 11, 1.

13) Es sind zwei sich nähernde (convergirende) gerade Linien *A*, *B*, gegeben, und in *A* der Punkt *n*. Man soll durch *n* eine Gerade legen, welche mit beiden gleiche Winkel bildet.

Aufl. u. Bew. Lege durch *n* eine Gerade parallel *B*, bilde ein gleichschenkl. Dr. und lege durch *n* eine Parallele mit seiner Grundl., §. 6, 4 und §. 11, 3.

14) Zwischen zwei convergirende Linien eine dritte zu legen, welche den Schneidep. jener, der nicht angegeben, trifft, und den W. daselbst halbirt.

Aufl. u. Bew. Durch Nr. 13 und §. 12, 3d.

15) Ein Dreieck zu zeichnen aus einer S., einem ihr anliegenden W. und der Summe der beiden anderen Seiten.

Aufl. u. Bew. Durch ein Dreieck mit 2 gleichen W.

16) Ein Dreieck zu zeichnen aus einer S., dem ihr gegenüber

liegenden W. a, und der Summe der beiden anderen Seiten.

Aufl. u. Bew. Durch ein Dreieck mit den gleichen W. $\frac{a}{2}, \frac{a}{2}$.

17) Ein Dreieck zu zeichnen aus einer S., einem ihr anliegenden W. und der Differenz der beiden anderen Seiten.

Aufl. u. Bew. Durch ein Dreieck mit 2 gl. W.

18) Ein Dreieck zu zeichnen aus einer S., dem ihr gegenüber liegenden W. a und der Differenz der beiden anderen Seiten.

Aufl. u. Bew. Durch ein Dreieck mit 2 gleichen W., deren jeder $\frac{R-a}{2}$.

19) Ein Dreieck zu zeichnen aus 2 W. a, b und der Summe der 3 Seiten.

Aufl. u. Bew. Durch 2 Dreiecke mit den gleichen W. $\frac{a}{2}, \frac{a}{2}; \frac{b}{2}, \frac{b}{2}$.

20) Ein Dreieck zu zeichnen aus einer S. und den Höhen auf die beiden anderen.

Aufl. u. Bew. Durch §. 12, 9 Anm.

Vierter Abschnitt.

Parallelogramm-Sätze.

§. 14.

Lehrsätze.

1) Jedes Parallelog. wird durch die Diagonale in zwei congruente Dreiecke getheilt.

Bew. Durch §. 11, 2.

2) In jedem Parallelog. sind die gegenüber liegenden Seiten gleich.

Bew. Durch §. 11, 2.

3) Wenn in einem Viereck die gegenüber liegenden Seiten gleich sind, so ist dasselbe ein Parallelog.

Bew. Durch §. 11, 11 und §. 6, 3.

4) Wenn in einem Viereck zwei gegenüber liegende Seiten gleich und parallel sind, so ist dasselbe ein Parallelog.

Bew. Durch §. 11, 1 und §. 6, 3.

5) In jedem Parallelog. halbiren die Diagonalen einander.

Bew. Durch §. 11, 2.

6) Jedes Viereck, dessen Diagonalen einander halbiren, ist ein Parallelog.

Bew. Durch §. 11, 1 und §. 6, 3.

Anmerk. Ein Parallelog. mit gleichen Seiten und gleichen W. heißt Quadrat, mit gleichen Seiten und ungleichen W. Rhombus, mit gleichen W. und ungleichen Seiten Rechteck, mit ungleichen Seiten und ungleichen W. Rhomboid.

§. 15.

Folgerungen.

1) Parallelen sind überall gleich weit von einander entfernt.

Bew. Durch §. 14, 2.

2) Im Quadrat und Rhombus halbiren die Diagonalen die W.

Bew. Durch §. 11, 3 und §. 6, 4.

3) Im Quadrat und Rechteck sind die Diagonalen gleich.

Bew. Durch §. 11, 1.

4) Im Rhombus und Rhomboid sind die Diagonalen ungleich.

Bew. Durch §. 11, 9.

5) Im Quadrat und Rhombus schneiden die Diagonalen einander rechtwinklig.

Bew. Durch §. 11, 1.

6) Im Rechteck und Rhomboid schneiden die Diagonalen einander schiefwinklig.

Bew. Durch §. 11, 10.

7) Im Quadrat und Rechteck ist der Schneidep. der Diagonalen gleich weit entfernt von den Ecken, im Quadrat und Rhombus von den Seiten.

Bew. Durch Nr. 3 und §. 14, 5; das Letzte durch Nr. 2 und §. 11, 2.

8) Jede Gerade durch den Schneidep. der Diagonalen eines Parallelog. theilt dasselbe in zwei congruente Theile.
Bew. Durch §. 11, 2; §. 14, 2 u. s. w.

9) Die 2 Geraden, welche die Mitten der gegenüber liegenden Seiten eines Parallelog. verbinden, sind die Diagonalen eines Parallelog., welches die Hälfte des ersten ist.
Bew. Durch §. 14, 6 u. s. w.

10) Die drei Höhen eines Dreiecks schneiden sich in einem Punkte.
Bew. Durch §. 12, 7 und §. 14, 2.

§. 16.

Aufgaben.

1) Ein Parallelog. zu zeichnen
   a. aus zwei anstoßenden Seiten und dem eingeschlossenen W.
   b. aus zwei anstoßenden Seiten und einer Diagonale.
2) Ein Quadrat zu zeichnen
   a. aus einer Seite,
   b. aus einer Diagonale.
3) Ein Rechteck zu zeichnen
   a. aus zwei Seiten,
   b. aus einer Diagonale und dem W., den die Diagonalen mit einander bilden.
4) Ein Rhombus zu zeichnen
   a. aus einer Seite und einem W.,
   b. aus beiden Diagonalen und einem von ihnen gebildeten Winkel.
5) Ein Rhomboid zu zeichnen
   a. aus zwei Seiten und einem W.,
   b. aus beiden Diagonalen und einem von ihnen gebildeten W.
6) Ein Parallelog. in zwei gleiche Theile zu theilen durch eine Gerade, welche durch einen in derselben Ebene gegebenen Punkt geht.
Aufl. u. Bew. Durch §. 15, 8.

7) Eine gegebene Gerade in n gleiche Theile zu theilen.

Aufl. u. Bew. Setze eine andere Gerade von unbegrenzter Länge an einen ihrer Endp. unter einem nicht gestreckten W., theile diese in n gleiche Theile, verbinde den letzten Theilp. mit dem zweiten Endp. der Gegebenen, und ziehe von jedem Theilp. bis an die Gegebene Parallelen zu der Verbindungsl. Durch §. 11, 2 und §. 14, 2, nachdem von jedem Theilp. der Gegebenen Parallelen zu der Angesetzten gezogen worden.

Fünfter Abschnitt.

Vergleichung der Flächen.

§. 17.

Lehrsätze.

1) Zieht man durch irgend einen Punkt der Diagonale eines Parallelog. Parallelen zu den Seiten desselben; so haben die zwei Parallelog. gleiche Flächen, durch welche die Diagonale nicht geht.

Bew. Durch §. 14, 1 und §. 2, 3b.

2) Parallelogramme mit gleichen Grundlinien und Höhen haben gleiche Flächen.

Bew. Bringe beide Parallelog. zwischen dieselben zwei Parallelen, welche um die gegebene Höhe von einander entfernt sind, so entstehen zwei congruente Trapeze und eine ihnen gemeinschaftliche Fläche; darauf wende §. 2, 3b an.

3) Jedes Dreieck, welches mit einem Parallelog. gleiche Grundl. und Höhe hat, ist die Hälfte desselben.

Bew. Durch Nr. 2 und §. 14, 1.

4) Dreiecke mit gleichen Grundl. und Höhen haben gleiche Flächen.

Bew. Durch Nr. 2 und §. 14, 1.

5) Parallelogramme, so wie Dreiecke mit gleicher Grundl. und Fläche haben gleiche Höhen, und mit gleicher Höhe und Fläche gleiche Grundl.

Bew. Es würde sonst, wegen Nr. 2 und 4 etwas Unmögliches entstehen.

6) Jede zwei Rechtecke mit gleichen Grundlinien lassen sich durch ihre Höhen mit einander vergleichen.

Bew. Wählt man ein Maß, womit die Höhen, p, q, beider Rechtecke, A, B, genau gemessen werden können, was angeht, da die Kleinheit desselben unbeschränkt ist, und hat p solcher Maßeinheiten m, wie q deren n, und zieht man von den Theilstrichen Parallelen zu den Grundl., so ist $A = \frac{m}{n}$ des B, $B = \frac{n}{m}$ des A; Nr. 2.*)

Anmerk. Derselbe Satz gilt für Parallelogramme überhaupt und für Dreiecke; auch wenn man überall die Grundl. mit den Höhen vertauscht.

7) Jede zwei Rechtecke lassen sich durch die Produkte aus ihren Grundl. und Höhen mit einander vergleichen.

Fig. 6.

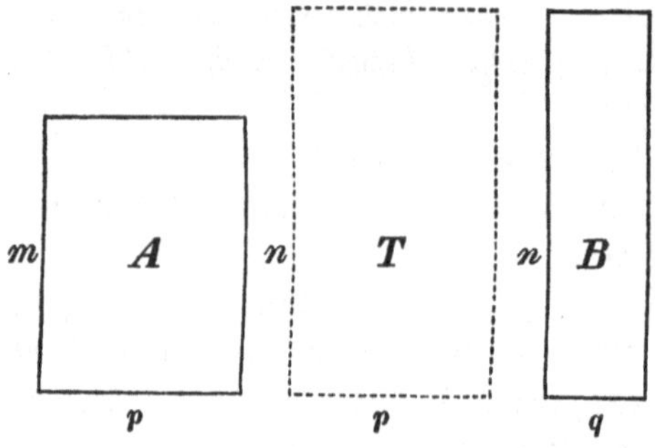

Bew. Haben die Grundl. zweier Rechtecke, A, B, die Maßeinheiten p, q, die Höhen deren m, n und denkt man sich ein drittes T, mit der Grundl. p und der Höhe n; so ist nach Nr. 6: $A = \frac{m}{n}$ des T, aber $T = \frac{p}{q}$ des B; daher $A = \frac{m}{n}$ eines $\frac{p}{q}$ des B, $= \frac{mp}{nq}$ des B, $B = \frac{nq}{mp}$ des A.

*) Sind aber auch p, q incommensurabel, d. h. ohne gemeinschaftliches Maß; so theile man q in n gleiche Theile. Hat p deren m und den Rest r, wo $r < \frac{1}{n} q$ so ist

$$p > m . \frac{1}{n} q$$

$$\text{und } p < (m+1) . \frac{1}{n} q;$$

Anmerk. Derselbe Satz gilt für Parallelog. überhaupt und für Dreiecke. Auch gilt der Satz für jede 2 Parallelog. oder Dreiecke, welche einen gleichen W. haben, wenn man statt der Grundl. und Höhen die Seiten nimmt, welche diese W. einschließen; auch, wenn statt der gleichen W. Supplementswinkel, (welche sich zu 2 *R*. ergänzen), vorhanden sind.

Anmerk. Die Fläche einer Figur ausmessen heißt: sie mit einem bestimmten Quadrate durch die Zahl vergleichen.

8) **Der Flächeninhalt eines Rechtecks findet sich, wenn man die Maßeinheiten seiner Grundl. und Höhe miteinander multiplicirt.**

Bew. Hat die Grundl. des Rechtecks A m Maßeinheiten, die Höhe solcher p, und bildet man mit dieser Maßeinheit das Quadrat B, als Flächenmaß, so ist nach Nr. 7: $A = \frac{mp}{1 \cdot 1}$ des B.

Anmerk. Ebenso bei jedem Parallelog. Beim Dreiecke ist der Flächeninhalt das halbe Produkt aus seiner Grundl. und Höhe; beim Trapez das halbe Produkt aus der Summe der beiden Parallelen und ihrer Entfernung von einander; beim Vieleck die Summe aller Dreiecksflächen, in welche das Vieleck, von einer Ecke aus, durch Diagonalen getheilt ist.

9) **Die Differenz zweier Quadrate ist so groß wie das Rechteck aus der Summe und Differenz ihrer Seiten, d. h. $a^2-b^2 = (a+b)(a-b)$.** (Fig. 7.)

Bew. Schneide das Rechteck N von der Differenz ab, und setze es wieder entsprechend an.

Fig. 7.

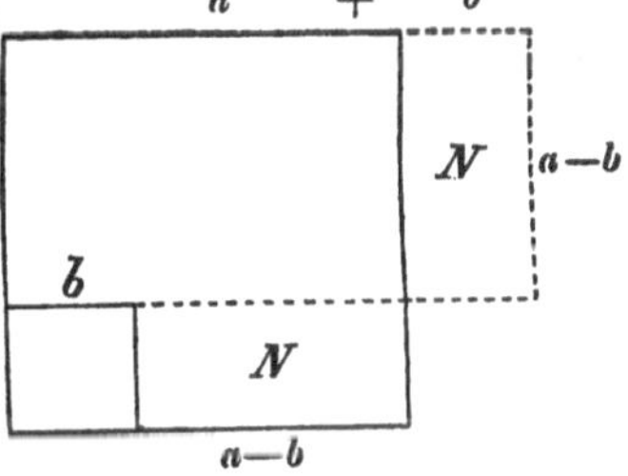

10) **Die Summe zweier Quadrate und der beiden Rechtecke aus ihren Seiten ist so groß, wie das Quadrat ihrer Seitensumme, d. h. $(a+b)^2 = a^2+b^2+2ab$.** (Fig. 8.)

also liegt auch, wenn man von den Theilstrichen Parallelen zu den Grundlinien zieht, A zwischen $m.\frac{1}{n}$ B und $(m+1).\frac{1}{n}$ B. Je größer n, desto kleiner werden die Differenzen $\frac{1}{n}q$, $\frac{1}{n}$ B; wird n unendlich groß, so verschwinden sie beide, und es ist wieder $A = \frac{m}{n}$ des B.

Fig. 8.

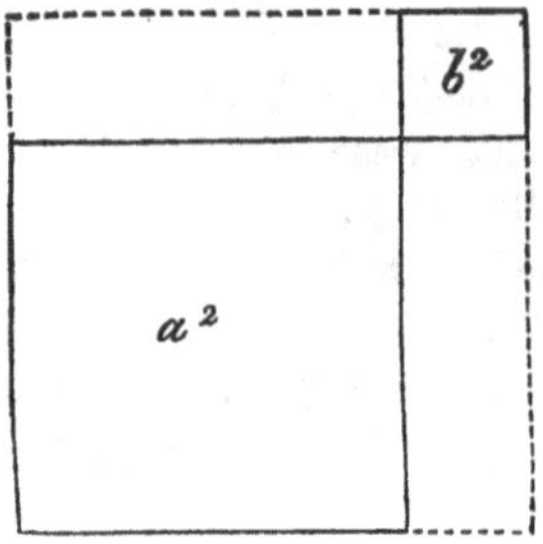

Bew. Setze beide Quadrate so aneinander, daß zwei ihrer Winkel Scheitelw. werden, und vervollständige die Figur zu einem Rechteck, u. s. w.

11) Die Differenz zwischen der Summe zweier Quadrate und den beiden Rechtecken aus ihren Seiten ist so groß wie das Quadrat ihrer Seiten-Differenz, d. h. $(a-b)^2 = a^2+b^2-2ab$. (Fig. 9.)

Fig. 9.

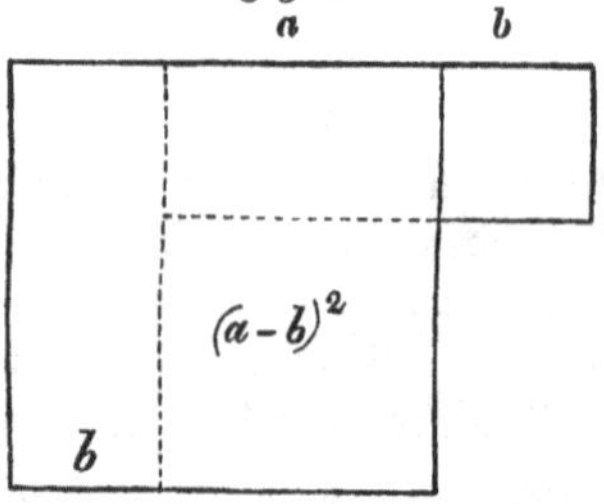

Bew. Setze a^2 nnd b^2 auf einer Geraden an einander, so bleibt, wenn man von dieser Summe Rechteck ab zweimal wegnimmt, $(a-b)^2$.

12) Bei jedem rechtwinkligen Dreiecke sind beide Kathetenquadrate zusammen so groß wie das Hypotenusen-Quadrat, d. h. $a^2+b^2=c^2$. (Pythagoräischer Lehrsatz.) (Fig. 10.)

Fig. 10.

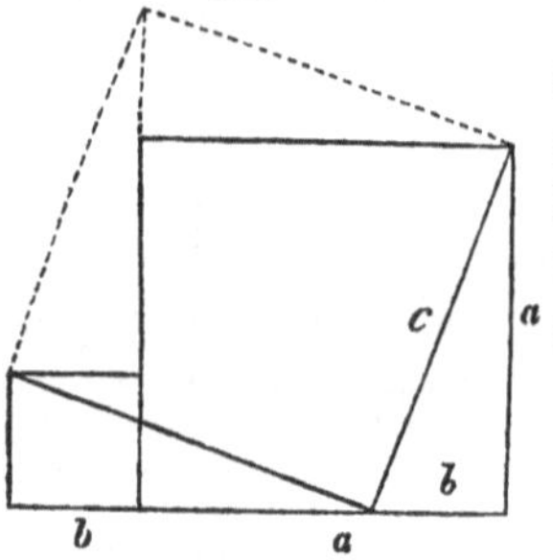

Bew. Man stelle beide Kathetenquadrate auf einer Geraden an einander, schneide zweimal das gegebene rechtwinkl. Dreieck ab, und lege beide wieder entsprechend an, §. 10, 6 u. s. w.

Anmerk. Also auch $c^2-a^2=b^2$, $c^2-b^2=a^2$, d. h. beim rechtwinkl. Dr. ist jedes Kathetenq. gleich der Differenz des Hypotenusenq. und des anderen Kathetenq.

13) Bei jedem rechtwinkl. Dreiecke ist das Quadrat der Höhe auf die Hypotenuse so groß wie das Rechteck aus den beiden Abschnitten derselben, d. h. $h^2=pq$. (Fig. 11.)

Fig. 11.

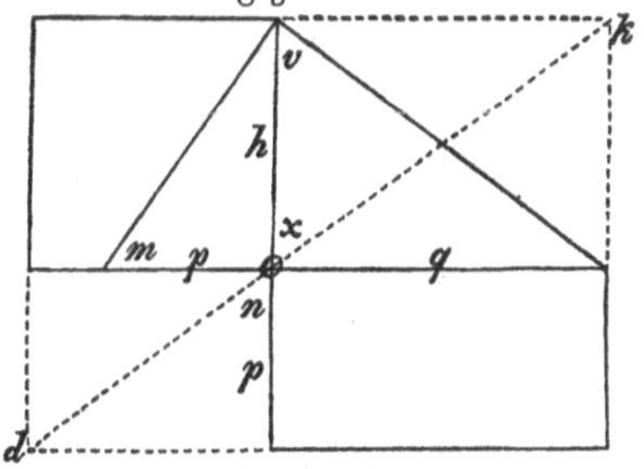

Bew. Vervollständige die Figur zu einem Rechteck, ziehe die Diagonalen do und ok; so ist $\angle n = \angle m = \angle v = \angle x$; daher, wegen §. 5, 10, dok eine Gerade; daher, wegen Nr. 1, $h^2 = p \cdot q$.

14) Bei jedem rechtwinkl. Dreieck ist das Quadrat jeder Kathete gleich dem Rechteck aus der Hypotenuse und dem an der Kathete liegenden Abschnitte, d. h. $a^2 = cq$, $b^2 = cp$.

Bew. Durch Nr. 12 u. 13.

§. 18.

Folgerungen.

1) Bei jedem rechtwinkl. Dreieck mit den Katheten a, $\frac{1}{2}a$, ist, wenn man $\frac{1}{2}a$ von der Hypotenuse abschneidet und den Rest r von a, $r^2 = a\,(a - r)$. (Fig. 12.)

Fig. 12.

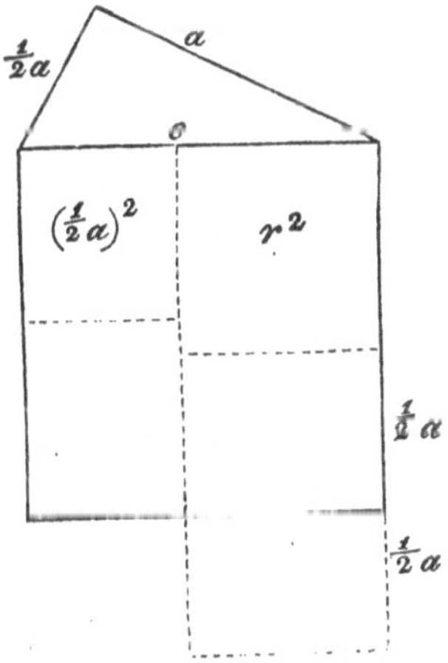

Bew. Es ist $c^2 = a^2 + (\frac{1}{2}a)^2 = (\frac{1}{2}a)^2 + r^2 + ar$; daher $a^2 = r^2 + ar$, folglich $r^2 = a^2 - ar = a\,(a - r)$.

2) Bei jedem stumpfwinkl. Dr. ist das Quadrat der Seite, dem stumpfen W. gegenüber, so groß wie die Quadrate der anderen Seiten und das doppelte Rechteck aus der einen und der Projektion der anderen auf diese, d. h. $c^2 = a^2 + b^2 + 2\,aq$.

Anmerk. Der Theil q der verlängerten Grundl. a, zwischen der Höhe des Dreiecks und der Seite b, heißt die Projektion von b auf a.

Bew. $c^2 = a^2 + q^2 + 2\,aq + b^2 - q^2 = a^2 + b^2 + 2\,aq$; §. 17, 10, und 12, Anmerk.

3) Bei jedem spitzwinkl. Dr. ist das Quadrat jeder Seite so groß wie die Quadrate der anderen beiden weniger das doppelte Rechteck aus einer derselben und der Projektion der anderen auf diese, d. h. $c^2 = a^2 + b^2 - 2aq$.

Bew. $c^2 = a^2 + q^2 - 2aq + b^2 - q^2 = a^2 + b^2 - 2aq$; §. 17, 11, und 12, Anmerk.

4) Ist bei einem Dreiecke das Quadrat der einen Seite gleich den Quadraten der anderen beiden, so ist das Dreieck rechtwinklig.

Bew. Wegen Nr. 2 und 3 kann es weder stumpf- noch spitzwinklig sein.

5) Bei jedem Dreiecke sind die Quadrate zweier Seiten so groß, wie das doppelte Quadrat der Mittellinie zwischen ihnen und das halbe Quadrat der dritten, d. h. $a^2 + b^2 = 2m^2 + \frac{1}{2}c^2$.

Bew. Ist q die Projektion der Mittellinie auf c, so ist

$$a^2 + b^2 = m^2 + (\tfrac{1}{2}c)^2 + 2 \cdot \tfrac{1}{2}cq + m^2 + (\tfrac{1}{2}c)^2 - 2 \cdot \tfrac{1}{2}cq$$
$$= 2m^2 + \tfrac{1}{2}c^2; \text{ Nr. 2 und 3.}$$

6) Bei jedem Viereck sind die Quadrate der vier Seiten so groß, wie die beider Diagonalen und das vierfache Quadrat der Verbindungsl. ihrer Mittelpunkte.

Bew. Durch dreimalige Anwendung von Nr. 5.

Anmerk. Wird die Verbindungsl. = 0, so halbiren beide Diagonalen einander, das Viereck wird zum Parallelog., und für dasselbe sind daher die Quadrate der vier Seiten so groß, wie die beider Diagonalen, was sich auch unmittelbar zeigen läßt.

7) Das Quadrat hat eine größere Fläche als das Rechteck von demselben Umfange.

Bew. Bezeichnet a die Seite des Quadrats, $a + b$ die große Seite des Rechtecks, so ist $a - b$ dessen kleine Seite; daher, nach §. 17, 9 a^2 größer als das Rechteck, und zwar um b^2.

Anmerk. Figuren von gleichem Umfange nennt man isoperimetrisch.

8) Das Quadrat hat eine größere Fläche, als sein isoperimetr. Rhombus; das Rechteck eine größere, als das Rhomboid

von denselben Seiten; daher das Quadrat die größte Fläche unter allen isoperimetrischen Parallelogrammen.

Bew. Durch Aufeinanderlegen, daß die gleichen Seiten sich decken, und durch Nr. 7.

9) Unter allen Dreiecken, in welchen zwei Seiten einzeln gleich sind, hat dasjenige die größte Fläche, bei welchem diese beiden Seiten einen R. einschließen.

Bew. Durch Nr. 8 und §. 14, 1.

10) Unter allen isoperimetr. Dreiecken, welche auf derselben Seite stehen, hat das gleichschenklige die größte Fläche.

Bew. Durch §. 12, 13 und §. 17, 5.

11) Unter allen isoperimetr. Dreiecken hat das gleichseitige die größte Fläche.

Bew. Durch Nr. 10.

12) Unter allen isoperimetr. Vielecken von derselben Seitenzahl hat das gleichseitige die größte Fläche.

Bew. Durch Nr. 10.

§. 19.

Aufgaben.

1) Ein Parallelog. in ein anderes zu verwandeln:
   a. mit gegebenem Winkel;
   b. mit gegebener Seite;
   c. mit gegebenem Winkel und gegebener Seite.

Anmerk. Eine Figur verwandeln heißt: ihren Flächeninhalt in anderer Gestalt darstellen.

Aufl. und Bew. Durch §. 17, 1 oder 2.

2) Ein Parallelog., so wie ein Trapez, in ein Dreieck zu verwandeln.

Aufl. und Bew. Durch Congruenz oder §. 17, 4.

3) Ein Dreieck in ein anderes zu verwandeln:
   a. von einem Punkte seiner Seite aus;
   b. von einem Punkte seines Innern aus;
   c. mit gegebenem Winkel;
   d. mit gegebener Grundlinie;
   e. mit gegebener Höhe;

f. in ein gleichschenkliges;

g. ein Dreieck in ein Parallg. zu verwandeln.

Aufl. und Bew. Durch §. 17, 4; §. 12, 3b; §. 17, 3.

4) Ein Viereck in ein Dreieck zu verwandeln:

a. von einer Winkelspitze aus;

b. von einem Punkte seiner Seite aus;

c. von einem Punkte seines Innern aus.

Aufl. und Bew. Durch §. 17, 4.

Anmerk. Bei Vielecken, welche in Dreiecke verwandelt werden, entsteht durch jede einzelne Verwandlung eine Ecke weniger, bis das Dreieck erreicht ist.

5) Ein Dreieck in eine beliebige Anzahl gleicher Theile zu theilen:

a. von einer Spitze aus;

b. von einem Punkte seiner Seite aus;

c. von einem Punkte seines Innern aus.

Aufl. und Bew. a) durch Theilung der Gegenseite; b) durch Nr. 3a u. b., dann wie in a, endlich wird wieder §. 17, 4 angewendet; ebenso c.

6) Den Punkt *p* im Innern eines Dreiecks *abc* zu finden, für welchen sich die drei Dreiecke *apc*, *apb*, *bpc* wie gegebene Zahlen, etwa wie 3, 4, 5 verhalten.

Aufl. und Bew. Theile die Seite *ab* in die 3 Theile *ad*, *de*, *eb*, die sich wie 3, 4, 5 verhalten; ziehe aus *d* eine Parallele mit *ac*, aus *e* eine mit *bc*; beide schneiden sich in *p*. §. 17, 4.

7) Ein Viereck in eine beliebige Anzahl gleicher Theile zu theilen.

a. von einer Spitze aus;

b. von einem Punkte seiner Seite aus;

c. von einem Punkte seines Innern aus.

Aufl. und Bew. Erst durch Nr. 4, dann durch 5a, endlich wieder mit Anwendung von §. 17, 4.

Anmerk. Wenn das Viereck ein Parallg. ist, und von einer Spitze aus in gleiche Theile getheilt werden soll; so läßt sich die Arbeit vereinfachen.

8) Im Dreieck dbe ist z. B. $ab = \frac{2}{3}\,bd$, $bc = \frac{5}{7}\,be$; welcher Theil ist $\triangle abc$ vom $\triangle bde$?

Aufl. und Bew. Durch zweimalige Anwendung von Nr. 5a wird $\triangle abc = \frac{2}{3}$ eines $\frac{5}{7}$ des $bde = \frac{2\cdot5}{3\cdot7} = \frac{10}{21}$ des $\triangle bde$.

Fig. 13.

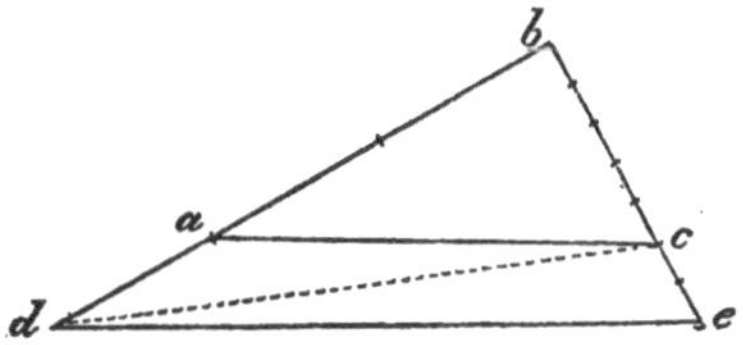

9) Im Parallg. $fdae$ ist $ab = \frac{2}{3}\,ad$, $ac = \frac{5}{7}\,ae$; welcher Theil ist $\triangle abc$ vom Parallg. $fdae$?

Aufl. und Bew. Nach Nr. 8 ist $\triangle abc = \frac{2}{3}$ eines $\frac{5}{7}$ des halben Parallg. $fdae = \frac{10}{42}\,fdae$.

Fig. 14.

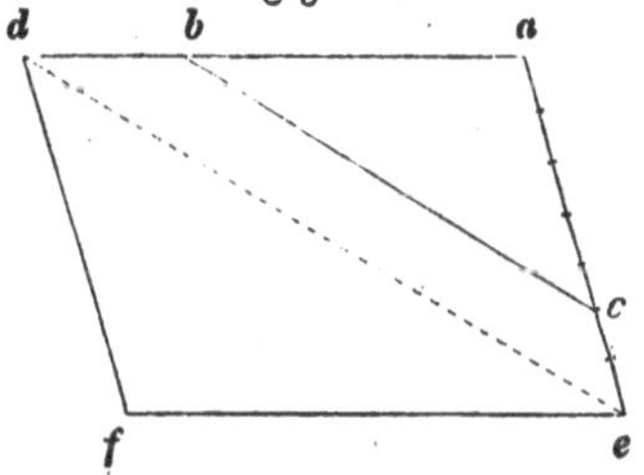

10) Im Parallg. $fdae$ ist $ab = \frac{2}{3}\,ad$, $fn = \frac{5}{7}\,fe$; welcher Theil ist Trapez $abne$ vom Parallelogramm?

Aufl. und Bew. Trapez $abne = \frac{2}{3}\cdot\frac{1}{2} + \frac{2}{7}\cdot\frac{1}{2} = \frac{10}{21}$ des Parallg., Nr. 9. und §. 17, 3.

Fig. 15.

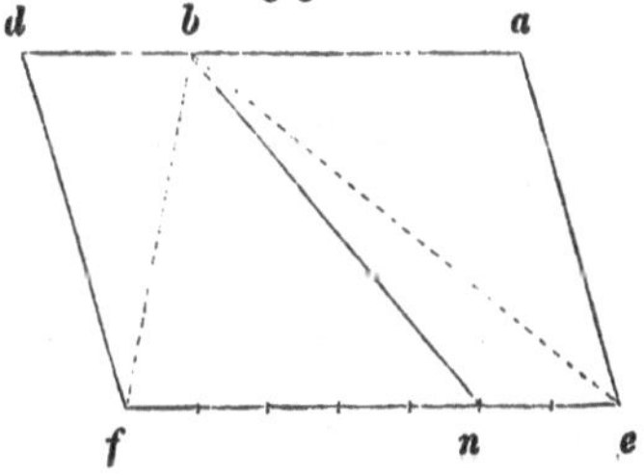

11) Ein Quadrat zu zeichnen, welches gleich der Summe mehrer gegebener Quadrate ist.

Aufl. und Bew. Durch wiederholte Anwendung von §. 17, 12.

12) Ein Quadrat zu zeichnen, welches gleich der Differenz zweier gegebener Quadrate ist.

Aufl. und Bew. Ueber der Seite des größeren Quadrats beschreibe einen Halbkreis, trage in diesen, von einem Endpunkte jener Seite, die Seite des kleineren hinein, und ziehe die dritte Seite des Dreiecks; §. 12, 9 Anmerk. und §. 17, 12 Anmerk.

13) Ein Rechteck in ein Quadrat zu verwandeln.

Aufl. und Bew. Durch §. 17, 13, oder 14.

Anmerk. Jedes Dreieck kann in ein Rechteck, jedes Vieleck in ein Dreieck; daher jedes Drei- und Vieleck in ein Quadrat verwandelt werden.

14) Ein Quadrat zu zeichnen, welches $\frac{m}{n}$ eines gegebenen Quadrats ist.

Aufl. und Bew. Schneide von dem Quadrate ein Rechteck $= \frac{m}{n}$ des Quadrats, ab, und verfahre mit diesem Rechtecke wie in Nr. 13.

Anmerk. Ist $\frac{m}{n} = 2$, so ist das gesuchte Q. das der Diagonale des gegebenen. Ist $\frac{m}{n} = \frac{1}{2}$, so ist es das einer Kathete des rechtw. gleichschenkl. Dreiecks über der Seite des gegebenen. Ist $n = 1$, so beschreibe über ma einen Halbkr. (a = Seite des gegebenen Q.), und zeichne die Kathete, deren Projektion auf $ma = a$.

15) Eine gegebene Gerade a so in zwei Theile r, $a-r$ zu theilen, daß $r^2 = a\,(a-r)$.

Aufl. und Bew. Durch §. 18, 1.

16) Aus dem Flächeninhalte f und der Höhe h bei einem Parallg. oder Dreiecke die Grundlinie, bei einem Trapeze die Summe beider Grundlinien zu finden.

Aufl. und Bew. Beim Parallg. ist die Grundl. $= \frac{f}{h}$, beim Dreiecke $= \frac{2f}{h}$, beim Trapeze die Summe beider Grundlinien $= \frac{2f}{h}$; §. 17, 8 Anmerk.

17) Aus der Differenz, f, zweier Quadrate und der Differenz, d, ihrer Seiten die Quadrate zu finden.

Aufl. und Bew. 1) Nimmt man d^2 aus f, so bleiben 2 gleiche Rechtecke, mit den Seiten d und der S. des kl. Q., übrig; daher S. des kl. Q. $= \frac{f-d^2}{2d}$, S. des gr. Q. $= d +$ S. des kl. Q.

2) Durch §. 17, 9.

18) Aus der Differenz, f, zweier Quadrate und der Summe, s, ihrer Seiten die Quadrate zu finden.

Aufl. und Bew. 1) Nimm f aus s^2, so bleiben 2 gleiche Rechtecke mit den Seiten s und der S. des kl. Q. übrig; daher S. des kl. Q. $= \frac{s^2 - f}{2s}$, S. des gr. Q. $= s -$ S. des kl. Q. 2) Durch §. 17, 9.

19) Aus dem Flächeninhalte, f, eines Quadrates die Seite desselben, d. h. Wurzel aus f, ($\sqrt{f}$), zu finden.

Aufl. und Bew. Ist f eine 3- oder 4ziffrige Zahl, und hat die S. des Q. a Zehner, außerdem b Einer; so ergiebt sich a unmittelbar, darauf, wegen 17, 10, $f - a^2 = 2ab + b^2 =$ Rechteck $(2a + b)\,b$, und durch Division von $f - a^2$ mit $2a$ läßt sich dann auch b ermitteln. — Ist f 5- oder 6ziffrig; so sucht man wieder erst alle Zehner a in der S. des Q., so wie vorhin die Zehner und Einer; dann durch Division von $f - a^2$ mit $2a$ wieder b. — Ganz ähnlich, wenn f noch mehrziffrig, ein Decimalbruch, ein- oder zweiziffrig und dabei keine vollständige Quadratzahl ist.

20) Bei einem Rechtecke, dessen Flächeninhalt $= f$, ist die Breite $\frac{m}{n}$ der Länge; wie groß sind seine Seiten?

Aufl. und Bew. Da die Breite m solcher Theile hat, wie deren die Länge n; so besteht f aus $m \cdot n$ gleichen Quadraten; daher die Breite $= m \cdot \sqrt{\frac{f}{mn}}$, die Länge $= n \cdot \sqrt{\frac{f}{mn}}$.

21) Ein Rechteck, dessen Fläche f, hat gleichen Umfang mit einem Quadrate, dessen Fläche F. Wie groß sind die Seiten des Rechtecks?

Aufl. und Bew. Die gr. S. $= \sqrt{F} + \sqrt{F - f}$, die kl. S. $= \sqrt{F} - \sqrt{F - f}$. §. 18, 7.

22) Bei einem Rechtecke, dessen Fläche f, ist die gr. S. um b länger als die kleine. Wie groß ist die Seite seines isoperimetr. Quadrats?

Aufl. und Bew. Bezeichnet a diese Seite; so ist die gr. S. des Rechtecks $= a + \frac{1}{2}b$, die kl. S. $= a - \frac{1}{2}b$; also $a = \sqrt{f + \frac{1}{4}b^2}$, §. 18, 7.

23) Bei einem Rechtecke, dessen Fläche f, ist die gr. S. um b länger als die kleine. Wie groß ist jede Seite?
Aufl. und Bew. Durch Nr. 22.

Sechster Abschnitt.

Vergleichung der Dreiecks-Seiten und ihrer Theile.

§. 20.

Lehrsätze.

1) Legt man durch zwei Seiten eines Dreiecks eine Gerade, parallel der dritten; so lassen sich die abgeschnittenen, gleichliegenden Seitenstücke durch einander und durch ihre Ganzen mittelst gleicher Brüche ausdrücken.

Fig. 16.

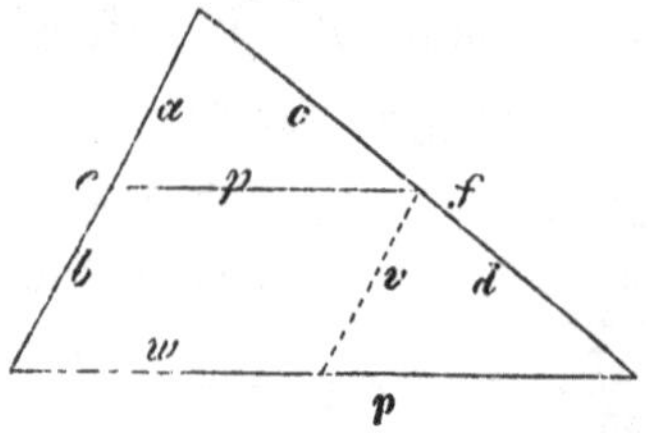

Bew. Ist $p \ddagger q$, und hat a solcher Theile a wie b deren b, und legt man durch jeden Theilpunkt Parallelen mit der dritten S.; so wird dadurch auch c in a, d in b unter einander gleiche Theile getheilt, §. 16, 7; folglich ist

1) $a = \frac{a}{b}$ des b, $c = \frac{c}{d}$ des d, und $\frac{a}{b} = \frac{c}{d}$;

2) $a = \frac{a}{e}$ des e, $c = \frac{c}{f}$ des f, und $\frac{a}{e} = \frac{c}{f}$;

3) $a = \frac{a}{c}$ des c, $e = \frac{e}{f}$ des f, und $\frac{a}{c} = \frac{e}{f}$;
($c = an$, $f = en$)

u. s. w.*)

---

*) Wie unter §. 17, 6 zeigt man, daß $\frac{a}{b} = \frac{c}{d}$, oder $a = \frac{c}{d}$ des b, auch, wenn beide Theile a, b, incommensurabel sind.

2) Legt man durch zwei Seiten eines Dreiecks eine Gerade, parallel der dritten; so bilden die abgeschnittenen, gleichliegenden Seitenstücke mit einander und mit ihren Ganzen gleiche Brüche.

Bew. Es sind die Brüche, mittelst welcher in Nr. 1 die Ausdrücke entstanden.

3) Legt man durch zwei Seiten eines Dreiecks eine Gerade, und bilden die gleichliegenden Seitenstücke untereinander, oder mit ihren Ganzen gleiche Brüche; so ist diese Gerade parallel der dritten S.

Bew. Wäre sie nicht parallel, so entstände, wenn man eine Parallele zöge, etwas Unmögliches.

4) Legt man durch zwei Seiten eines Dreiecks eine Gerade, parallel der dritten, so bilden die beiden Parallelen denselben Bruch, wie die nicht an der dritten S. liegenden Seitenstücke mit ihren Ganzen.

Bew. Zieht man in Fig. 16 auch $v \ddagger e$, so ist $\frac{c}{f} = \frac{w}{q}$, $p = w$; folglich $\frac{p}{q} = \frac{c}{f} = \frac{a}{e}$.

Anmerk. 1) Ist bei vier Geraden, a, b, c, d, $\frac{a}{b} = \frac{c}{d}$; so nennt man d die vierte Proportionallinie zu a, b, c.

2) Ist bei drei Geraden p, h, q, $\frac{h}{p} = \frac{q}{h}$, oder $h^2 = pq$; so heißt h die mittlere Proportionallinie zwischen p und q, §. 17, 13 und 14, und q die dritte Proportionallinie zu p, h;

3) Ist eine Gerade a so in die beiden Theile r, $a - r$ getheilt, daß $r^2 = a\,(a - r)$, oder $\frac{r}{a} = \frac{a - r}{r}$; so sagt man: a sei in das äußere und mittlere Verhältniß getheilt, §. 18, 1.

Siebenter Abschnitt.

Von der Aehnlichkeit.

§. 21.

Erklärung.

Figuren nennt man **ähnlich**, wenn bei ihnen die Winkel einzeln gleich sind, und die gleichliegenden Seiten gleiche Brüche bilden.

Anmerk. Gleichliegende Seiten sind solche, welche gleichen Winkeln gegenüber liegen; gleichliegende Diagonalen solche, welche die Spitzen gleicher W. verbinden.

§. 22.

Lehrsätze.

1) Legt man durch zwei Seiten eines Dreiecks eine Gerade, parallel der dritten; so ist das dadurch abgeschnittene Dreieck dem ganzen ähnlich.

Bew. Durch §. 6, 4; §. 20, 2 und 4.

2) Dreiecke sind ähnlich, wenn zwei Seiten des einen mit zwei Seiten des anderen, einzeln, gleiche Brüche bilden, und die von ihnen eingeschlossenen W. gleich sind.

Fig. 17.

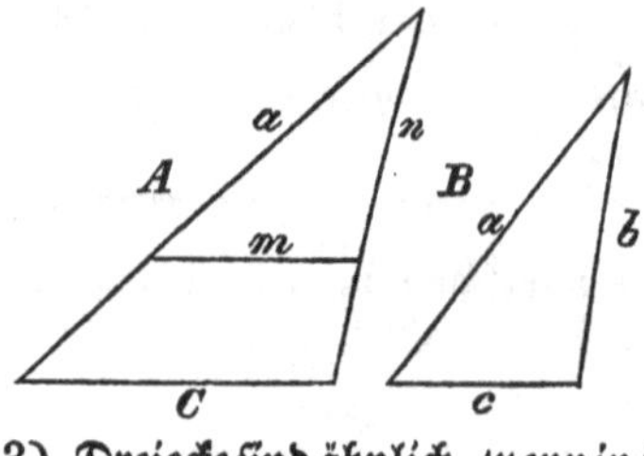

Bew. Durch Nr. 1 und §. 11, 1, nachdem von $\triangle ABC$, mittelst einer Parallelen, $\triangle anm$ abgeschnitten worden.

3) Dreiecke sind ähnlich, wenn in ihnen zwei W. einzeln gleich sind.

Bew. Durch Nr. 1 und §. 11, 2; sonst wie in Nr. 2.

4) Dreiecke sind ähnlich, wenn zwei Seiten des einen mit zwei Seiten des anderen einzeln gleiche Brüche bilden, ein gegenüber liegender W. gleich, und die anderen beiden gegenüber liegenden W. nicht = 2 R. sind.

Bew. Durch Nr. 1 und §. 11, 7; sonst wie in Nr. 2.

5) Dreiecke sind ähnlich, wenn die Seiten des einen mit den Seiten des anderen einzeln gleiche Brüche bilden.

Bew. Durch Nr. 1 und §. 11, 11, sonst wie in Nr. 2.

6) In ähnlichen Dreiecken bilden gleichliegende Höhen denselben Bruch wie zwei gleichliegende Seiten.

Bew. Durch Nr. 3.

7) Die Flächen ähnlicher Dreiecke bilden denselben Bruch, wie die Quadrate zweier gleichliegender Seiten.

Bew. Bezeichnen a, b, g, h; A, B, G, H die gleichliegenden Seiten und Höhen zweier ähnlicher Dreiecke; so ist

$$\frac{\triangle abg}{\triangle ABG} = \frac{\frac{1}{2}gh}{\frac{1}{2}GH} = \frac{gh}{GH} = \frac{g^2}{G^2} = \frac{a^2}{A^2} = \frac{b^2}{B^2}.$$

8) Die Umfänge ähnlicher Dreiecke bilden denselben Bruch, wie zwei gleichliegende Seiten.

Bew. Durch §. 21 und die Eigenschaft gleicher Brüche.

9) Aehnliche Vielecke lassen sich durch gleichliegende Diagonalen in ähnliche Dreiecke zerlegen.

Bew. Durch Nr. 2.

10) In ähnlichen Vielecken bilden gleichliegende Diagonalen denselben Bruch wie zwei gleichliegende Seiten.

Bew. Durch Nr. 9.

11) Die Flächen ähnlicher Vielecke bilden denselben Bruch, wie die Quadrate zweier gleichliegender Seiten oder Diagonalen.

Bew. Durch Nr. 2, 9, 10 und die Eigenschaft gleicher Brüche.

12) Die Umfänge ähnlicher Vielecke bilden denselben Bruch, wie zwei gleichliegende Seiten oder Diagonalen.

Bew. Durch §. 21 und die Eigenschaft gleicher Brüche.

§. 23.

Folgerungen.

1) Zieht man in einem rechtwinkl. Dreiecke die Höhe auf die Hypotenuse; so entstehen drei Paar ähnliche Dreiecke, woraus sich drei bekannte Flächensätze beweisen lassen (§. 17, Nr. 14, 12, 13).

Bew. Durch §. 22, 3 und die Eigenschaft gleicher Brüche.

2) Sind die Seiten eines rechtwinkl. Dreiecks gleichliegende von ähnlichen Figuren; so sind die Figuren auf beiden Katheten gleich der auf der Hypotenuse.

Bew. Bezeichnen a, b, c die Seiten des rechtw. Dreiecks, A, B, C die ähnl. Figuren, wovon die gleichliegenden Seiten beziehlich a, b, c; so ist $\frac{A}{C}+\frac{B}{C}=\frac{a^2}{c^2}+\frac{b^2}{c^2}$, d. i. $\frac{A+B}{C}=\frac{a^2+b^2}{c^2}=1$; daher $A+B=C$.

3) Sind die Seiten eines Dreiecks gleichliegende von ähnlichen Figuren und die Figuren auf zwei Seiten gleich der auf der dritten; so ist das Dreieck rechtwinklig.

Bew. Nach der Bezeichnung von Nr. 2 ist $\frac{a^2}{c^2}+\frac{b^2}{c^2}=\frac{A}{C}+\frac{B}{C}=\frac{A+B}{C}=1=\frac{a^2+b^2}{c^2}$; daher $a^2+b^2=c^2$; §. 18, 4.

4) Die Gerade durch den Schneidep. der beiden nicht parallelen Seiten eines Trapezes, und durch den seiner beiden Diagonalen, hälftet die beiden Grundl. des Trapezes.

Bew. Sind a, b die Abschnitte der einen, c, d die der anderen Grundl.; so kommt man durch 2 Paar ähnl. Dreiecke auf $\frac{a}{c}=\frac{b}{d}$, $\frac{a}{d}=\frac{b}{c}$, und beide Gleichungen sind nur möglich, wenn $a=b$, $c=d$.

5) Die beiden Diagonalen eines Trapezes und die Gerade, welche die Mitten beider Grundl. verbindet, schneiden sich in einem Punkte.

Bew. Liefe diese Gerade nicht durch den Schneidep. der Diagonalen, so würde sie beide irgendwo schneiden und dadurch sich etwa in die Abschnitte x, m, n theilen; folglich $\frac{x+m}{n}=\frac{x}{n+m}$, was unmöglich.

6) Die beiden nicht parallelen Seiten eines Trapezes und die Gerade, welche die Mitten beider Grundl. verbindet, schneiden sich in einem Punkte.

Bew. Liefe diese Gerade nicht durch den Schneidep. der beiden Seiten, so würde sie beide irgendwo schneiden, und dadurch sich etwa in die Abschnitte x, m, n theilen; folglich $\frac{x+m}{x+m+n}$ $=\frac{m}{m+n}$, was unmöglich, da $\frac{x}{x}$ nicht $=\frac{m}{m+n}$.

Anmerk. Jede drei Geraden, welche von einem Punkte auslaufen und von zwei Parallelen geschnitten werden, theilen diese so, daß die gleichl. Stücke der einen denselben Bruch bilden, wie die der andern, und jede Gerade, welche zwei Parallelen zwischen den Schenkeln eines W. so theilt, trifft den Schneidep. der beiden Schenkel.

7) Die Gerade durch die Mitte beider Grundl. eines Trapezes wird durch diese, den Schneidep. der Diagonalen und den der nicht parallelen Seiten so in drei Theile getheilt, daß der 1ste und 2te denselben Bruch bilden, wie die Ganze und der 3te.

Bew. Durch 2 Paar ähnl. Dreiecke.

Anmerk. Die 4 Punkte einer so getheilten Geraden nennt man harmonische Punkte, und die Gerade: harmonisch getheilt.

8) Die Halbirungsl. eines Dreiecksw. theilt die Gegenseite so, daß ihre Stücke denselben Bruch bilden, wie die einschließenden Seiten.

Bew. Durch §. 20, 2; nachdem eine Seite verlängert und eine Parallele mit der Theilungsl. gezogen worden.

9) Ist eine Dreieckseite so in zwei Theile getheilt, daß sie denselben Bruch bilden, wie die beiden anderen Seiten, und man verbindet den Theilp. mit der Gegenspitze durch eine Gerade; so wird dadurch der W. halbirt.

Bew. Wie in Nr. 8.

10) Die Halbirungsl. eines Dreiecksw. und die seines Nebenwinkels theilen die verlängerte Gegenseite des Dreiecks harmonisch.

Bew. Durch 2 Paar ähnliche Dreiecke; nachdem durch den Schneidep. einer der Halbirenden eine Parallele zu der anderen gezogen worden.

11) Sind die Endp. einer Dreiecksseite der 1ste und 3te von vier harmonischen Punkten, und halbirt die Gerade durch den 2ten den gegenüber liegenden Dreiecksw.; so halbirt die durch den 4ten dessen Nebenw., und umgekehrt.

Bew. Durch 2 Paar ähnl. Dreiecke; nachdem im 1sten Falle eine Parallele durch den 2ten Punkt zu der Geraden durch den 4ten, im 2ten Falle eine Parallele durch den 4ten Punkt zu der Geraden durch den 2ten gezogen worden.

12) Bei jedem Dreiecke mit zwei ungleichen Seiten theilt die Mittellinie auf die dritte Seite den Dreiecksw. so, daß zwischen ihr und der kleineren Dreiecksseite der größere Theil des W. liegt.

Bew. Durch ähnliche Dreiecke und §. 11, 5; nachdem eine Parallele mit einer der beiden ungl. Seiten gezogen worden.

13) Zwei Mittellinien eines Dreiecks schneiden einander so, daß bei jeder der Theil an der Seite $\frac{1}{3}$ seiner Ganzen ist.

Bew. Durch ähnliche Dreiecke; nachdem beide Mitten durch eine Gerade verbunden worden.

14) Theilen zwei Geraden von den Spitzen auf die Gegenseiten eines Dreiecks einander so, daß bei jeder der Theil an der Seite $\frac{1}{3}$ seiner Ganzen ist; so halbiren sie die Gegenseiten.

Bew. Durch ähnliche Dreiecke; nachdem die Theilp. der S. durch eine Gerade verbunden worden.

15) In jedem Dreiecke schneiden die drei Mittellinien einander in einem Punkte.

Bew. Liefe die dritte neben dem Schneidep. der beiden ersten vorbei, so entstände, wegen Nr. 13, etwas Unmögliches.

16) Ist in einem gleichschenkl. Dreiecke der W. zwischen den beiden gleichen Schenkeln $\frac{2}{5}$ *R.*, so theilt die Halbirungsl. jedes W. an der Grundl. die Gegenseite in das äußere und mittlere Verhältniß.

Bew. Es entstehen 2 gleichschenkl. ähnliche Dreiecke, und daraus, wenn die Seiten des gegebenen Dreiecks mit r, r, s bezeichnet werden, $\frac{s}{r} = \frac{r-s}{s}$, oder $s^2 = r(r-s)$.

17) Ist bei einem gleichschenkl. Dreiecke mit den Seiten r, r, s:

$\frac{s}{r} = \frac{r-s}{s}$; so beträgt der W. zwischen den gleichen Schenkeln $\frac{2}{5}$ R.

Bew. Es entstehen zwei Dreiecke, welche nach §. 22, 2 ähnlich, und dabei gleichschenklig sind. Nimmt man dazu das ebenfalls entstandene 3te gleichschenkl. Dreieck, so ergiebt sich für den W. zwischen r, r 1 Theil, wie für jeden an s deren 2; daher jener $\frac{2}{5}$ R.

§. 24.

Aufgaben.

1) Zu drei gegebenen Geraden die vierte Proportionale zu finden.

Aufl. u. Bew. Durch §. 20, 2 oder 4.

2) Zu drei gegebenen Punkten einer Geraden den vierten harmonischen zu finden.

Aufl. u. Bew. Durch §. 23, 7.

Anmerk. Arithmetische Auflösungen:

1) Sind a, b, c drei Geraden und ist x die 4te Proportionale zu denselben, so ist $\frac{a}{b} = \frac{c}{x}$, und $x = \frac{cb}{a}$.

2) Sind a, b zwei Theile einer Geraden, und soll der dritte Theil x, welcher den 4ten harm. Punkt giebt, gefunden werden, so ist die Gerade $= a + b + x$, also $\frac{a}{b} = \frac{a + b + x}{x}$, daher $ax = b(a+b) + bx$, und $x = \frac{b(a+b)}{a-b}$, u. s. w.

3) Durch einen zwischen den Schenkeln eines W. gegebenen Punkt eine Gerade zu legen, welche durch den Punkt halbirt wird.

Aufl. u. Bew. Ziehe durch den Punkt mit einem der Schenkel eine Parallele und wende §. 20, 2 an.

Anmerk. Aehnlich, wenn die Gerade durch den Punkt beliebig getheilt werden soll.

4) Durch einen zwischen den Schenkeln eines W. gegebenen Punkt n eine Gerade zu legen, welche die Spitze des W. trifft, die nicht angegeben.

Aufl. u. Bew. Ziehe durch n eine Gerade, welche beide Schenkel verbindet, zu derselben eine Parallele p, eine Diagonale, von n bis zu derselben eine Gerade nx, parallel mit einem der beiden Schenkel, eine zweite xm bis p, parallel mit dem andern Schenkel, so ist nm die Gesuchte; §. 23, 6, Anmerk.

5) Ein Dreieck zu zeichnen, welches einem gegebenen Dreiecke so wie ein Vieleck, welches einem gegebenen Vielecke ähnlich ist.

Aufl. u. Bew. Entweder durch §. 22, 3; oder, daß man von einem angenommenen Punkte, der in einer Ecke, einer Seite, inner- oder außerhalb der Figur liegen kann, nach jeder Ecke derselben Geraden zieht und dazwischen zu den Seiten Parallelen legt, u. s. w. §. 20, 2 u. 3.

Anmerk. Ein solcher angenommene Punkt, von dem also die Entfernungen aller gleichliegenden Ecken beider Figuren gleiche Brüche bilden, heißt Aehnlichkeitspunkt.

6) Eine geradlinige Figur zu zeichnen, welche einer gegebenen ähnlich ist, und eine gegebene Gerade als Seite enthält.

Aufl. u. Bew. Betrachte die gegebene Gerade als gleichliegende Seite zu einer Seite der gegebenen Figur, und wende Nr. 5 an.

7) Zu zwei ähnlichen Figuren eine dritte ihnen ähnliche zu zeichnen, welche so groß ist, wie ihre Summe.

Aufl. u. Bew. Zeichne ein rechtwinkl. Dreieck, in welchem die Katheten gleichliegende Seiten der beiden ähnlichen Figuren sind, so ist die Hypotenuse desselben eine gleichliegende Seite der dritten Figur; §. 23, 2.

8) Zu zwei ähnlichen Figuren eine dritte ihnen ähnliche zu zeichnen, welche so groß ist, wie ihre Differenz.

Aufl. u. Bew. Zeichne ein rechtw. Dreieck, in welchem die Hypotenuse und eine Kathete gleichliegende Seiten der beiden ähnl. Figuren sind, so ist die andere Kathete desselben eine gleichliegende S. der dritten Figur, §. 23, 2.

9) Eine Figur zu zeichnen, welche einer gegebenen ähnlich und $\frac{m}{n}$ derselben ist.

Aufl. u. Bew. Bezeichnet A die gegebene, B die zu suchende Figur, und sind s, x zwei gleichliegende Seiten derselben, so ist $\frac{B}{A} = \frac{m}{n} = \frac{x^2}{s^2}$, folglich $x^2 = \frac{m}{n} s.s$, d. h. die gleichliegende S. x zu s ist mittlere Proportionale zu s und $\frac{m}{n} s$; §. 20, 4, Anmerk.

10) Von einem Dreiecke, parallel mit einer seiner Seiten, ein anderes abzuschneiden, welches $\frac{m}{n}$ des gegebenen ist.

Aufl. u. Bew. Das abzuschneidende ist ähnlich dem gegebenen. Bezeichnen daher s, x zwei gleichliegende Seiten, so ist $x^2 = \frac{m}{n} s \cdot s$; Nr. 9.

11) In einem Dreiecke den Punkt zu finden, für welchen die Gerade aus ihm nach einer der drei Ecken, und die Parallelen zu den anliegenden Seiten das Dreieck in drei Theile theilen, die sich z. B. verhalten, wie die Zahlen 3, 4, 5.

Fig. 18.

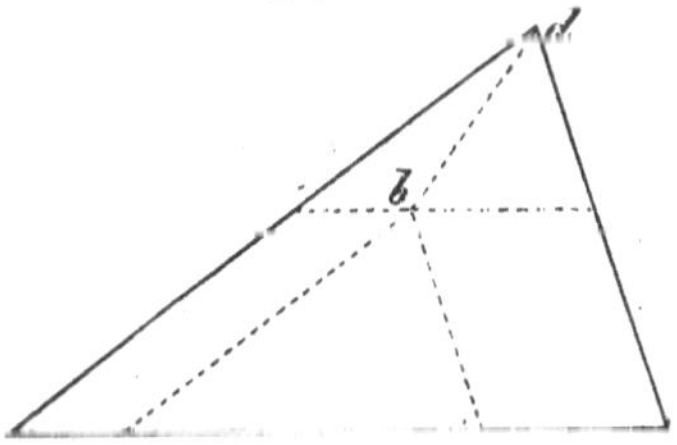

Aufl. u. Bew. Die 3 Theile werden gebildet von einem Dreiecke, dem gegebenen ähnlich, und 2 Trapezen. Soll das Dreieck etwa $\frac{4}{12}$ des gegebenen sein, so schneide ein solches, nach Nr. 10, ab, lege durch seine Spitze b eine Parallele, theile diese in $3 + 5$ gleiche Theile, und verbinde d mit b, u. s. w.

12) Ein ungleichseitiges Dreieck in ein gleichseitiges zu verwandeln.

Aufl. u. Bew. Bezeichnet A das gegebene Dreieck, h seine Höhe; B das gleichseitige auf derselben Grundl. des A,

k seine Höhe; C das zu suchende gleichseitige, x seine Höhe, so ist $\frac{A}{B}=\frac{h}{k}$, $\frac{C}{B}=\frac{x^2}{k^2}$, aber Fläche C = Fläche A; folglich $\frac{x^2}{k^2}=\frac{h}{k}$, und $x^2 = hk$, d. h. x mittlere Proportionale zwischen h und k, u. s. w.

13) Ein Dreieck A in ein anderes, B, zu verwandeln, welches dem Dreiecke C ähnlich ist.

Aufl. u. Bew. Verwandele A in ein Dreieck A^1, welches mit C einen gleichen W. hat, lege A^1 auf C, daß die gleichen W. sich decken, und von einer Spitze des A^1 eine Parallele zu einer Seite des C, welche ein Dr. P abschneidet, ähnl. C, so ist $\frac{A^1}{P}=\frac{a}{p}$, $\frac{B}{P}=\frac{x^2}{p^2}$, wo a, p, x gleichliegende Grundl. Aber $A^1 = B$; daher $\frac{a}{p}=\frac{x^2}{p^2}$, und $x^2 = ap$, d. h. x mittlere Proportionale zu a und p, u. s. w.

14) In ein Dreieck abc ein Quadrat zu zeichnen, d. h., daß die vier Spitzen des Quadrats in die Seiten des Dreiecks fallen.

Aufl. u. Bew. Zeichne an das Dreieck das Quadrat der größten S. ac desselben, verbinde b mit den beiden entferntesten Ecken des Quadrats, so sind die beiden Schneidep. mit ac zwei Punkte des zu suchenden Quadrats, u. s. w.

Anmerk. Setzt man beim rechtw. Dr. das erste Quadrat an eine Kathete, so ist nur eine Verbindungslinie erforderlich.

Soll beim rechtwinkl. gleichschenkl. Dr. nur eine Spitze in der Hypotenuse liegen, so ist die halbe Kathete Seite des Quadrats und dasselbe die Hälfte des Dreiecks.

Sollen bei diesem Dreiecke zwei Spitzen in der Hypot. liegen, so ist $\frac{1}{3}$ der Hypot. Seite des Quadrats, und dasselbe $\frac{4}{9}$ des Dreiecks.

Errichtet man über der Geraden, welche den halben W. eines gleichseitigen Dr. halbirt, und bis auf die Gegenseite gezogen ist, ein gleichschenkl. Dr., wo jeder Winkel an der Grundl. $= \frac{1}{8} R$, so ist jeder der gleichen Schenkel Seite des Quadrats in diesem gleichseitigen Dreiecke.

15) Ein gleichschenkl. Dr. zu zeichnen, in welchem der W. zwischen den gleichen Schenkeln $\frac{2}{3}$ R. beträgt.

Aufl. u. Bew. Eine beliebige Gerade wird in das äußere und mittlere Verhältniß getheilt, und über dem größeren Theile mit dieser Geraden ein gleichschenkl. Dr. beschrieben. §. 23, 17.

16) Ueber einer gegebenen Seite s ein gleichschenkl. Dr. zu errichten, in welchem der W. zwischen den gleichen Schenkeln $\frac{2}{5}$ R. beträgt.

Aufl. u. Bew. Theile s in das äußere und mittlere Verhältniß, daß $n^2 = s(s - n) = s^2 - ns$, also $s^2 = n(n+s)$, bezeichne $n+s$ mit r, also n mit $r - s$, so ist $s^2 = r(r-s)$, und $r = n + s$ der gleiche Schenkel.

Achter Abschnitt.

Der Kreis.

§. 25.

Erklärungen.

1) Jede Gerade, welche zwei Punkte der Peripherie eines Kreises verbindet, heißt eine Sehne des Kreises, die verlängerte Sehne: Sekante, die Senkrechte in der Mitte einer Sehne bis zur Peripherie: die Höhe des Bogens über dieser Sehne.

2) Jede Gerade, welche mit der Peripherie nur einen Punkt gemein hat, und, verlängert, ganz außerhalb des Kreises liegt, heißt Tangente.

3) Der Theil des Kreises, welchen eine Sehne und der dazu gehörige Bogen begrenzt, heißt Kreisabschnitt (Segment).

4) Der Theil des Kreises, welchen zwei Radien und der Bogen zwischen ihnen begrenzen, heißt Kreisausschnitt (Sektor).

5) Der Winkel zwischen zwei Radien am Mittelp. heißt Centriwinkel, der zwischen zwei Sehnen an der Peripherie: Peripheriewinkel.

6) Der 360ste Theil der Peripherie heißt Grad, der 60ste

Theil eines Grades: Bogenminute, der 60ste Theil derselben: Bogensekunde.

7) Ein Kreis heißt um eine Figur beschrieben, oder die Figur in dem Kr. liegend, wenn sämmtliche W. der Figur Peripheriew. des Kreises sind.

8) Ein Kreis heißt in eine Figur beschrieben, oder die Figur um den Kr. liegend, wenn sämmtliche Seiten der Figur Tangenten des Kreises sind.

9) Kreise desselben Mittelpunktes heißen concentrisch, von verschiedenen Mittelpunkten: excentrisch.

10) Die Gerade, welche die Mittelpunkte zweier Kreise verbindet, heißt Centrale.

11) Von Kreisen, welche nur einen Punkt gemein haben, sagt man sie berühren einander.

§. 26.

Lehrsätze.

1) a. Zu gleichen Sehnen eines Kreises gehören gleiche Centriw., gleiche Bogen, gleiche Kreis-Aus- und Abschnitte.

b. Zu gleichen Centriw. gehören gleiche Sehnen, gleiche Bogen, u. s. w.

c. Zu gleichen Bogen gehören gleiche Centriw., gleiche Sehnen, u. s. w.

d. Ist der Centriw. $= R$, so beträgt der zugehörige Bogen 90^0 und der Kreisausschnitt einen Viertelkreis; ist er $= \frac{m}{n}R$, so beträgt der Bogen $\frac{m}{n}$ von 90^0, und der Kreisausschnitt $\frac{m}{n}$ eines Viertelkreises; ist er $\frac{m}{n}$ von $4\,R$, so beträgt der Bogen $\frac{m}{n}$ von 360^0 und der Kreisausschnitt $\frac{m}{n}$ des Kreises, und umgekehrt.*)

Bew. a, b, c durch Deckung, d durch b und c.

*) Wie unter §. 17, 6 zeigt man, daß, wenn a, b zwei Centriw., c, d die zugehörigen Bogen bezeichnen, $\frac{a}{b} = \frac{c}{d}$, oder $a = \frac{c}{d}$ des b, auch wenn a, b incommensurabel sind.

2) a. Die Senkrechte aus dem Mittelp. eines Kr. auf eine Sehne halbirt dieselbe, den Centriw. und den Bogen.
b. Die Gerade, welche den Mittelp. eines Kr. und die Mitte der Sehne verbindet, steht senkr. auf derselben.
c. Die Senkrechte in der Mitte einer Sehne trifft den Mittelp. des Kreises.

Bew. a und b durch Congruenz, c durch §. 12, 3d.

3) a. Gleiche Sehnen eines Kr. sind vom Mittelp. gleich weit entfernt.
b. Sehnen eines Kr., vom Mittelp. gleich weit entfernt, sind gleich.
c. Je größer eine Sehne, desto näher ist sie dem Mittelp.
d. Je näher eine Sehne dem Mittelp., desto größer ist sie.
e. Unter allen Sehnen ist der Durchmesser die größte.

Bew. a und b durch Congruenz und Nr. 2; c und d durch Nr. 2 und §. 17, 12; e durch §. 11, 8.

4) Schneiden 2 Sehnen einander, so ist jeder W., den sie mit einander bilden, gleich der Summe; schneiden 2 Sekanten einander, so ist ihr W. gleich der Differenz der Peripheriew. auf zwei von ihnen abgeschnittenen Bogen.

Bew. Durch §. 8, 3.

5) Jeder Centriw. eines Kreises ist doppelt so groß, als der Peripheriew. auf demselben Bogen.

Bew. Durch §. 8, 3 und §. 11, 3; die Spitze des Centriw. mag in einem Schenkel, oder zwischen beiden des Peripheriew., oder außerhalb desselben liegen.

6) a. Alle Peripheriew. auf einem Halbkr. sind rechte W.; alle auf einem größeren Bogen als einem Halbkreis, stumpf; auf einem kleineren spitz.
b. Alle Nichtperipheriew. auf dem Durchm. eines Kr., wenn sie innerhalb desselben liegen, sind stumpf; liegen sie außerhalb, spitz.
c. In jedem Vierecke im Kr. beträgt die Summe jeder zwei gegenüberliegenden W. 2 R.

Bew. a durch Nr. 5; b durch a oder §. 8, 3; c durch Nr. 5.

7) a. Peripheriew. eines Kr. auf gleichen Bogen sind gleich.
b. Sind bei einem Kr. die Bogen zwischen zwei Sehnen gleich, so laufen die Sehnen parallel; und laufen die Sehnen parallel, so sind die Bogen zwischen ihnen gleich.
c. Alle Winkel, welche auf derselben Geraden, nach derselben Richtung hin, stehen, und gleich sind, liegen in der Periph. des Kreises, welcher durch die Endp. der Geraden und die Spitze eines dieser W. geht.

Bew. a durch Nr. 5; b durch a und §. 6, 3 und 4; für c entstände, wegen a, etwas Unmögliches.

8) a. Eine Senkrechte auf dem Radius eines Kr., in seinem Endp., errichtet, ist eine Tangente des Kreises.
b. Der Radius nach dem Berührungsp. einer Tangente gezogen, steht senkr. auf ihr.
c. Eine Senkr. aus dem Mittelp. eines Kr. auf die Tangente gefällt, trifft den Berührungsp.
d. Eine Senkr. auf der Tangente, in ihrem Berührungspunkte, geht durch den Mittelp. des Kr.

Bew. Für a, b, c entstände, wegen §. 25, 2, etwas Unmögliches; eben so für d, wegen b.

9) a. Die Strecken zwischen dem Schneide- und Berührungspunkte zweier Tangenten sind gleich.
b. Die Gerade von dem Schneide- bis zum Mittelp. des Kr. halbirt den Tangentenw.
c. Die den Tangentenw. Halbirende geht durch den Mittelpunkt des Kr.
d. In jedem Vierecke um einen Kr. ist die Summe zweier gegenüberliegender Seiten gleich der Summe der anderen beiden.

Bew. a und b durch Nr. 8 und §. 11, 7; für c entstände, wegen b, etwas Unmögliches; d durch a.

10) a. Der von einer Sehne und einer Tangente im Be-

rührungsp. gebildete W. ist gleich dem Peripheriew. im entgegengesetzten Abschnitte des Kr.

b. Ist der W., den eine Gerade am Endp. einer Sehne, außerhalb des Kr., mit derselben bildet, gleich dem Peripheriew. im entgegengesetzten Abschnitte; so ist die Gerade eine Tangente des Kr.

Bew. a durch Nr. 6_a und 7_a; für b entstände, wegen a, etwas Unmögliches.

11) a. Berühren sich zwei Kreise von innen oder von außen, so trifft ihre Centrale den Berührungsp.

b. Berühren sich zwei Kreise von außen, so ist ihre Centrale gleich der Summe; berühren sie sich von innen, gleich der Differenz; liegt der eine Kr. ganz innerhalb des andern, kleiner als die Differenz ihrer Radien.

c. Schneiden sich zwei Kreise, so steht ihre Centrale senkr. auf der gemeinschaftl. Sehne, halbirt sie, und ist kleiner als die Summe, aber größer als die Differenz ihrer Radien.

Bew. Für a entstände sonst etwas Unmögliches; b durch a; c durch 2 gleichschenkl. Dreiecke.

12) a. Schneiden sich zwei Sehnen, so ist das Produkt aus den Stücken der einen gleich dem aus denen der anderen.

b. Schneiden sich zwei Sekanten, so ist das Produkt aus der ganzen und dem äußeren Stücke der einen gleich dem aus der ganzen und dem äußeren Stücke der anderen.

c. Schneiden sich eine Tangente und Sekante, so ist das Quadrat der Tangente gleich dem Produkte aus der ganzen Sekante und ihrem äußeren Abschnitte.

Bew. a, b durch ähnliche Dreiecke, nachdem 4 Punkte durch Geraden verbunden worden; c ist der Fall von b, wenn die Schneidep. einer der beiden Sekanten sich in einem Punkte vereinigen.

Anmerk.

1) Ist in *a* die eine Sehne, deren Theile *p*, *q*, Durchmesser, die andere

rechtw. durch ihn, deren Theile h, h; so entsteht wieder $h^2 = pq$, oder $\frac{h}{p} = \frac{q}{h}$ (§. 17, 13; §. 20, 4, Anmerk. 2;)

2) Ist in c die Sekante, deren Theile r, d, wo r das äußere Stück, verlängerter Durchm., und die Tangente $= a$; so wird $r\,(r + d) = r^2 + rd = a^2$, also $r^2 = a^2 - rd = a\,(a - \frac{rd}{a})$. Nimmt man daher $d = a$; so ist wieder $r^2 = a\,(a - r)$, oder $\frac{r}{a} = \frac{a-r}{r}$, (§. 18, 1; §. 20, 4, Anmerk. 3;)

13) a. Wenn man die Peripherie eines Kr. in n gleiche Theile theilt, und die zu ihnen gehörigen Sehnen zieht; so bilden dieselben ein regelm. n Eck im Kr.

Anmerk. Figuren heißen regelmäßig, deren Seiten sowohl, als W. sämmtlich gleich sind.

b. Wenn man auf die Seiten eines regelm. n Ecks im Kr. aus dem Mittelp. Senkrechten zieht, bis an die Peripherie, und durch die Schneidep. Tangenten legt; so bilden dieselben ein regelm. n Eck um den Kr.

c. Man erhält die Seite des regelm. $2n$ Ecks im Kr., wenn man von der Mitte des Bogens, welcher zur Seite des n Ecks gehört, eine Sehne nach einer der nächsten Winkelspitzen zieht.

d. Man erhält die Seite des regelm. $2n$ Ecks um den Kr., wenn man den Mittelp. mit einer Winkelspitze des n Ecks um den Kr. durch eine Gerade verbindet, und durch den Schneidep. derselben mit dem Kr. eine Tangente legt.

e. Die Seite des regelm. Sechsecks im Kr. ist so groß wie dessen Radius.

f. Der Schneidep. der Halbirenden zweier nächster W., wie der der Senkr. aus den Mitten zweier nächster S. eines regelm. n Ecks ist der Mittelp. desselben, und von den Ecken sowohl, als von den S. gleich weit entfernt.

Bew. a durch Nr. 1 u. §. 11, 11; b durch §. 7, 6 und §. 22, 1; c durch Nr. 1; d durch Congruenz; e durch Nr. 1 u. §. 12, 1; f durch Congruenz.

14) a. Regelmäßige Vielecke von derselben Seitenzahl sind ähnliche Figuren.

b. Kreise sind regelm. Vielecke von unendlich vielen Seiten, und ihre Durchmesser die Diagonalen.

c. Der Flächeninhalt eines regelm. Vielecks ist gleich dem halben Produkte aus seinem Umfange und der Senkr. aus dem Mittelp. auf eine seiner Seiten.

d. Der Flächeninhalt eines Kr. ist gleich dem halben Produkte aus seinem Umfange und seinem Radius.

Bew. a durch §. 21; b durch Nr. 13c; c durch Nr. 13f und §. 17, 8 Anmerk.; d durch b und c.

15) a. Der Umfang des regelm. $2n$Ecks im Kr. ist größer als der des nEcks in demselben, und der des regelm. $2n$Ecks um den Kreis kleiner als der des nEcks um denselben.

b. Die Peripherie eines Kr. ist größer als der Umfang des regelm. nEcks in demselben, und kleiner als der des regelm. nEcks um denselben.

Bew. a durch §. 11, 8; b durch §. 12, 10, wenn n daselbst unendlich groß.

16) Bezeichnet r den Radius, d den Durchm. eines Kr., a die Seite des regelm. nEcks in ihm, b die des $2n$Ecks, A die des regelm. nEcks um ihn, h die Höhe des Bogens zu a, π die halbe Periph. eines Kreises für den Rad. 1, P die Periph. eines Kr. für den Rad. r, F seinen Flächeninhalt; so ist

1. $h = r - \sqrt{r^2 - \frac{a^2}{4}}$,

2. $b = r\sqrt{2 - \sqrt{4 - \frac{a^2}{r^2}}}$,

3. $A = \frac{2ra}{\sqrt{4r^2 - a^2}}$,

4. $\pi = 3{,}1415926\ldots\ldots$,

5. $P = d\pi$,

6. $F = r^2\pi$.

Bew. 1. Durch das rechtw. Dreieck mit den Seiten r, $\frac{a}{2}$, $r - h$.

2. Durch das rechtw. Dreieck mit den Seiten b, h, $\frac{a}{2}$.
3. Durch die ähnl. Dreiecke mit den gleichliegenden Seiten a, A; $r-h$, r.
4. Durch 2 u. 3. Denn ist a die S. des regelm. 6Ecks im Kr. für den Rad. 1, so erhält man aus 2 die des regelm. 12=, 24=, 48=, 96= u. s. w. Ecks in demselben, aus 3 die derselben Vielecke um denselben, hieraus die Umfänge. Je weiter man geht, in desto mehr Decimalstellen, von der höchsten an, stimmen beiderlei Umfänge überein, und geben die Peripherie dieses Kr., wegen Nr. 15 b, bis auf eben so viele Stellen genau. — 3,1415926 sind die übereinstimmenden höchsten 8 Stellen zweier halber Vielecksumfänge; daher $\pi = 3{,}1415926$ auf eben so viele Stellen genau.
5. Durch Nr. 14, a u. b, und §. 22, 12, wonach $\frac{\frac{1}{2}P}{\pi} = \frac{r}{1}$, also $P = 2r\pi = d\pi$.
6. Durch Nr. 14, d, wonach $F = \frac{r \cdot 2r\pi}{2} = r^2\pi$.

17) Bezeichnet b die Länge eines Bogens mit dem Radius 1, B die eines Bogens mit dem Rad. r, c den zu beiden gehörigen Centriw., f den Flächeninhalt des Kreisausschnitts zu b, F den des zu B; so ist:

1. $b = \frac{c}{180}\pi$, $c = \frac{b}{\pi} \cdot 180$.*)
2. $B = \frac{c}{180} \cdot r\pi = br$, $b = \frac{B}{r}$, $c = \frac{B}{r\pi} \cdot 180$.
3. $f = \frac{c}{360} \cdot \pi = \frac{b}{2}$, $b = 2f$, $c = \frac{360}{\pi} \cdot f$.
4. $F = \frac{c}{360} \cdot r^2\pi = \frac{b}{2} \cdot r^2 = \frac{B}{2} \cdot r = r^2 f$, $b = \frac{2F}{r^2}$, $B = \frac{2F}{r}$, $c = \frac{360}{r^2\pi} \cdot F$, u. s. w.

Bew. Durch §. 26, 1 d.

*) $\frac{1}{\pi} = \frac{1}{3{,}1415926\ldots} = 0{,}3183098, \ldots.$

§. 27.

Folgerungen.

1) Unter allen Sehnen, welche durch einen und denselben Punkt des Durchmessers gehen, ist diejenige die kleinste, welche auf ihm senkrecht steht.

Bew. Durch §. 26, 3d.

2) Jede zwei Sehnen, welche die Endp. derjenigen beiden Sehnen, die durch den Berührungsp. zweier Kr. gehen, verbinden, laufen parallel.

Bew. Durch §. 26, 10a.

3) Die beiden Schneidep. der vier Geraden, welche die Endp. zweier parallelen Durchm. zweier Kr. verbinden, liegen in der Centrale derselben, und bilden mit den beiden Mittelp. vier harm. P.

Bew. Durch §. 23, 5 und 7.

4) Die Tangente von einem der beiden Schneidep., in 3, an den einen Kr., ist auch eine Tangente an den anderen, und was in 3 von den vier Geraden galt, gilt hier von den vier Tangenten.

Bew. Der erste Theil würde anders etwas Unmögliches geben; der zweite erledigt sich durch Nr. 3.

5) Um jedes Dreieck und in jedes Dreieck läßt sich ein Kr. beschreiben. Dasselbe gilt für jedes regelm. Vieleck.

Bew. Durch §. 12, 6 und 4; §. 26, 13f.

6) Um jedes Viereck, von der Eigenschaft in §. 26, 5c, und in jedes, von der in §. 26, 9d, läßt sich ein Kr. beschreiben.

Bew. Es entstände sonst, wegen §. 26, 5c und §. 26, 9d, etwas Unmögliches.

7) Bei jedem nEck mit gerader Seitenzahl im Kr. ist die Summe des 1sten, 3ten, 5ten, u. s. w. gleich der Summe des 2ten, 4ten, 6ten, u. s. w. Winkels; und bei jedem solchen nEck um einen Kr. ist die Summe der 1sten, 3ten, 5ten, u. s. w. gleich der Summe der 2ten, 4ten, 6ten, u. s. w. Seite.

Bew. Das Erste durch die gleichschenkl. Mittelp.-Dreiecke; das Zweite durch §. 26, 9a.

Anmerk. §. 26, 5c und §. 26, 9d bilden einen besonderen Fall dieses Satzes.

8) Schneiden sich die Geraden ab, cd im Punkte n, und ist $na \cdot nb = nc \cdot nd$; so läßt sich durch die vier Punkte a, b, c, d ein Kr. legen, n mag zwischen ihnen liegen oder nicht.

Bew. Durch §. 26, 12a und 12b.

9) Schneiden sich die Geraden an und die verlängerte dc in n, und ist $na^2 = nd \cdot nc$; so nimmt die Kreisl., welche von na in a berührt wird und durch d geht, auch den Punkt c in sich auf, die, welche von na in a berührt wird, und durch c geht, den P. d; die, welche durch a, d, c geht, den P. a als Berührungsp.

Bew. Durch §. 26, 12c.

10) a. Die Fläche F eines Dreiecks um einen Kr. ist gleich dem Produkte aus der Summe seiner Seiten a, b, c und dem halben Radius r, d. h. $F = \frac{a+b+c}{2} \cdot r$.

b. Die Fläche F eines Dreiecks in einem Kr. ist gleich dem Produkte aus seinen drei Seiten a, b, c, dividirt durch den 4fachen Rad. r, d. h. $F = \frac{abc}{4r}$.

Bew. a durch §. 17, 8 Anmerk. und §. 26, 8b; b durch 2 rechtw. ähnl. Dreiecke, wo bei dem einen $2r$ und eine Seite des gegebenen, bei dem anderen die Höhe des gegebenen und eine seiner S. zwei Seiten sind; und §. 17, 8, Anmerk.

11) Bezeichnen a, b zwei Seiten eines Dreiecks, d die ihren W. Halbirende, c, e die beiden Abschnitte, welche d auf der dritten Seite macht; so ist $ab = d^2 + ce$.

Bew. Durch ähnl. Dreiecke, die entstehen, wenn man d bis zur Periph. des Kr. um das Dreieck verlängert; ist f die Verlängerung, so wird $\frac{d}{b} = \frac{a}{d+f}$, und, wegen §. 26, 12a, $ab = d^2 + ce$

Anmerk. Ist $a = b$, so ist $ab = d^2 + ce$, d mag den W. halbiren oder nicht, d. h. bei jedem gleichschenkl. Dreiecke ist das Quadrat des gleichen Schenkels um das Rechteck aus den beiden Abschnitten der Grundl. größer, als das Quadrat jeder Geraden, welche die Grundl. in diese Abschnitte theilt, und nach der Gegenspitze gezogen ist.

12) Die beiden Ptolomäischen Sätze: Bezeichnen bei einem Viereck im Kr. a, b, c, d die vier aufeinander folgenden Seiten, p die Diagonale zwischen a, d; q die andere; so ist

$$1)\quad pq = ac + bd,$$

$$2)\quad \frac{p}{q} = \frac{ad + bc}{ab + cd}.$$

Bew. 1 durch 2 Paar ähnl. Dreiecke; denn schneidet man den kleineren W. bq von dem größeren aq durch eine Sehne s ab, daß W. as = W. bq; so ist p in die 3 Abschnitte m, n, v getheilt, und $\triangle am \sim \triangle bq$, $\triangle aq \sim \triangle b\, n+v$; daher $\frac{a}{q} = \frac{m}{c}$, $\frac{d}{q} = \frac{n+v}{b}$, also $m + n + v = p = \frac{ac}{q} + \frac{bd}{q}$ u. s. w.

2 durch Nr. 10 b; denn

$$\left.\begin{aligned} 4r \cdot \triangle ab &= abp \\ 4r \cdot \triangle cd &= cdp \end{aligned}\right\} \text{ also } 4r.\text{Viereck} = p\,(ab + cd)$$

$$\left.\begin{aligned} 4r \cdot \triangle aq &= adq \\ 4r \cdot \triangle bq &= bcq \end{aligned}\right\} \text{ also } 4r.\text{Viereck} = q\,(ad + bc) \text{ u. s. w.}$$

13) Bezeichnen a, b, c drei Sehnen eines Kr. mit dem Rad. r, welche den Centriwinkeln m, n, $m - n$ angehören; so ist

$$2r \cdot c = a\sqrt{4r^2 - b^2} - b\sqrt{4r^2 - a^2}.$$

Bew. Durch Nr. 12, 1; denn verlängert man im Viereck mit den S. r, r, b, c und der Diagonale a, r bis an die Peripherie, vervollständigt die Figur durch die Sehne s zu einem Vierecke, zieht die Diag. p zwischen c, b; so ist $ap = 2r \cdot c + bs$, aber $p = \sqrt{4r^2 - b^2}$, $s = \sqrt{4r^2 - a^2}$ u. s. w.

14) Wenn alle Seiten eines Vielecks gegeben sind bis auf eine, welche beliebig ist, so liegt das größte Vieleck, welches sich damit einschließen läßt, in einem Kr., dessen Durchmesser die beliebige Seite ist.

Bew. Durch §. 18, 9 und §. 26, 6a, wenn man von den Endp. der beliebigen Seite nach jeder der Ecken Diagonalen zieht.

15) Unter allen Vielecken mit denselben Seiten hat dasjenige die größte Fläche, welches in einem Kr. liegt.

Bew. Durch Nr. 14, wenn man den Durchm. des Kr. zieht, in welchem das eine liegt, und eine gleichliegende Gerade in den übrigen.

16) Unter allen isoperimetr. Vielecken, von derselben Seitenzahl, hat das regelm. die größte Fläche.

Bew. Durch Nr. 15; §. 18, 12; §. 26, 13a.

17) Unter allen regelm., isoperimetr. Vielecken hat dasjenige die größte Fläche, welches die meisten Seiten hat.

Fig. 19.

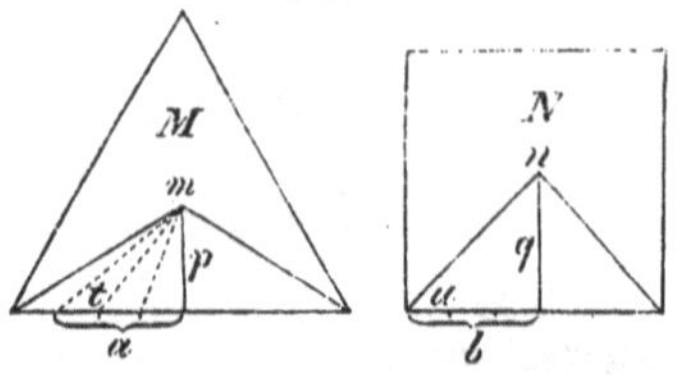

Bew. Bezeichnet M ein regelm. Dreieck mit dem Mittelp. m, N sein isop., regelm. Viereck mit dem Mittelp. n, und theilt man die halbe S. von M in 4 gleiche Theile; so ist $a = b$, d. h. 3 jener Theile gleich der halben S. von N. Nun ist das rechtwinkl. $\triangle ap = \frac{3}{4} \cdot \frac{1}{2} \cdot \frac{1}{8} = \frac{1}{8} M$, das rechtw. $\triangle bq = \frac{1}{2} \cdot \frac{1}{4} = \frac{1}{8} N$, und, wegen §. 23, 12, W. $t <$ W. u; folglich $\frac{1}{8} M < \frac{1}{8} N$, also $M < N$. Ebenso 5Eck > 4Eck, 6Eck > 5Eck, u. s. w.

18) Der Kreis hat eine größere Fläche, als jedes Vieleck von dem Umfange des Kreises.

Bew. Durch Nr. 17 und §. 26, 14b.

§. 28.

Aufgaben.

1) Den Mittelp. eines Kr. zu finden.

Aufl. u. Bew. Durch 26, 2c.

2) An einen gegebenen Punkt in der Periph. eines Kr. eine Tangente zu legen.

Aufl. u. Bew. Durch §. 26, 8a.

3) Von einem außerhalb eines Kr. gegebenen Punkt *p* eine Tangente an den Kr. zu legen.

Aufl. u. Bew. Verbinde *p* mit dem Mittelp. *m*, beschreibe über *pm* einen Halbkr., u. s. w.

4) In einen Kreis ein Dreieck zu beschreiben, welches einem gegebenen Dreiecke ähnlich ist.

Aufl. u. Bew. Von dem Berührungsp. einer Tangente an den Kr. ziehe 2 Sehnen, welche mit der Tangente 2 W. des Dreiecks bilden, und verbinde ihre Endp. §. 26, 10a.

5) Um einen Kr. ein Dreieck zu beschreiben, welches einem gegebenen Dreiecke ähnlich ist.

Aufl. u. Bew. Lege die 3 Außenw. des Dreiecks um den Mittelp. des Kr. und an die Endp. der 3 Radien Tangenten, u. s. w.

6) Einen Kr. zu beschreiben, welcher eine Gerade *g* in einem Punkt *q* berühre und durch einen außerhalb *g* liegenden Punkt *p* gehe,

a. wenn *p* in der auf *g* Senkr. *pq* liegt,

b. wenn dies nicht der Fall.

Aufl. u. Bew. Durch §. 26, 8d und §. 11, 4.

7) Einen Kr. zu beschreiben, welcher zwei gegebene Geraden berühre,

a. wenn die Geraden parallel laufen,

b. wenn sie einen W. einschließen.

Aufl. u. Bew. Durch §. 26, 8a.

Anmerk. Auch kann in einer der Geraden der Berührungspunkt gegeben sein.

8) Einen Kr. zu beschreiben, welcher einen Kr. *k* berühre, und durch einen Punkt *p* gehe,

a. wenn *p* in *k*,

b. wenn *p* außerhalb *k*,

c. wenn *p* innerhalb *k* liegt.

Aufl. u. Bew. Durch §. 26, 11a.

Anmerk. Auch kann für b und c der Berührungspunkt in *k* gegeben sein.

9) Einen Kr. zu beschreiben, welcher einen Kr. k und eine Gerade g berühre,
   a. wenn g Tangente von k ist,
   b. wenn g außerhalb k,
   c. wenn g innerhalb k liegt.

Aufl. u. Bew. Durch §. 26, 11a und §. 26, 8a.

10) Einen Kr. zu beschreiben, welcher zwei Kr. k, k^1 berühre,
   a. wenn k^1 außerhalb k,
   b. wenn k^1 innerhalb k liegt,
   c. wenn k, k^1 einander berühren.

Aufl. u. Bew. Durch §. 26, 11a.

11) Einen Kr. k^1 zu beschreiben, welcher eine Gerade g in dem Punkte p, und einen Kr. k berühre,
   a. wenn g außerhalb k,
   b. wenn g innerhalb k liegt.

Aufl. u. Bew. Ist m der Mittelp. von k, m^1 der von k^1; so muß m^1 in der Geraden, liegen, welche auf g in p senkr. ist, mm^1 Centrale, und m^1p Halbm. von k^1 sein. Demgemäß giebt ein Paar ähnl. Dreiecke den Ort von m^1, u. s. w.

12) Einen Kr. k^1 zu beschreiben, welcher einen Kr. k im Punkte p und eine Gerade g berühre; g mag außer- oder innerhalb k liegen.

Aufl. u. Bew. Ganz ähnlich wie in Nr. 11.

13) Einen Kr. k^1 zu beschreiben, welcher einen Kr. k im Punkte p und einen anderen Kr. berühre; derselbe mag außer- oder innerhalb k liegen.

Aufl. u. Bew. Der Mittelp. m^1 des Kr. k^1 liegt in 2 Centralen, und m^1p ist Halbm. von k^1. Demgemäß giebt ein Paar ähnl. Dreiecke den Ort von m^1.

14) Einen Kr. k^1 zu beschreiben, welcher durch zwei Punkte p, p^1 gehe und eine Gerade g berühre.

Aufl. u. Bew. Ist $pp^1 \ddagger g$, so liegt m^1 in der auf pp^1 Senkr., welche pp^1 halbirt und g in n trifft; Halbmesser von k^1 sind m^1p, m^1p, m^1n u. s. w. Liegt p in g, so ist es der Fall in Nr. 6. Liegen p, p^1 außerhalb g, und ist pp^1 nicht parallel g; so verlängere pp^1, bis nach g in n, suche die mittlere Proportionale nq zu np und np^1; so ist der Kr. durch q, p, p^1 der Kr. k^1; §. 27, 9.

Anmerk. W. pqp^1 ein Maximum in Betreff aller W. auf pp^1 und deren Spitzen in nq.

15) Einen Kr. k^1 zu beschreiben, welcher zwei Geraden g, g^1 berühre, und durch einen zwischen ihnen liegenden Punkt p gehe.

Aufl. u. Bew. Ist $g \ddagger g^1$, und p nicht in ihrer Mitte; so lege eine Parallele durch die Mitte, und trage die halbe Entfernung von g, g^1 von p nach dieser Parallele; der Schneidep. ist der Mittelp. von k^1. Ist g nicht parallel g^1, p aber in der Halbirungsl. des W., den g, g^1 bilden; so zeichne irgend einen Kr., der beide Schenkel berührt; durch ihn ergiebt sich mittelst ähnl. Dr. der Mittelp. von k^1. Ebenso, wenn p nicht in der Mitte liegt, nur daß alsdann noch p mit der Spitze des W. von gg^1 verbunden wird, u. s. w.

16) Einen Kr. k^1 zu beschreiben, welcher durch die Punkte p, p^1 gehe, und einen Kr. k berühre.

Aufl. u. Bew. Der einfachste Fall ist, wenn die aus dem Mittelp. von k auf pp^1 gefällte Senkr. die pp^1 halbirt. Andernfalls beschreibe durch p, p^1 einen Kr., welcher k schneidet, verlängere pp^1 bis zum Punkte n der Geraden, welche die beiden Kreisschneidep. verbindet, lege von n aus eine Tangente an k; so ist der durch p, p^1 und diesen Berührungsp. gezogene Kr. der Kr. k^1; §. 27, 9.

17) Den Punkt in der Periph. des Kr. k zu finden, für den die Geraden durch ihn und die Punkte p, p^1 den Kr. in noch 2 Punkten q, q^1 schneiden, daß $qq^1 \ddagger pp^1$.

Aufl. u. Bew. Es ist der in Nr. 16 construirte Berührungsp.; §. 27, 2.

18) In der Periph. eines Kr. sind die Punkte a, b gegeben; man soll in derselben den Punkt o finden, für welchen sich die Sehnen ac, bc wie m zu n verhalten.

Aufl. u. Bew. Theile die Sehne ab, etwa in d, so, daß

die Theile den Bruch $\frac{m}{n}$ bilden; halbire den W., den a, b mit dem Mittelp. bilden, verbinde den Schneidep. der Halbirenden und der Periph. mit d; die Verlängerung dieser Verbindenden giebt den P. c; §. 23, 8.

19) An zwei gegebene Kreise, mit den Radien R, r, die gemeinschaftl. Tangente zu legen.

Aufl. u. Bew. Entweder durch §. 27, 4; oder, daß man über der Centrale einen Halbkr. beschreibt, und für die äußere Tangente $R-r$, für die innere $R+r$ als Sehnen einträgt, u. s. w.

20) Eine Gerade so durch zwei Kr. zu legen, daß in ihnen zwei Sehnen entstehen, die sich verhalten, wie die Halbmesser der Kr.

Aufl. u. Bew. Durch §. 27, 3.

21) Durch einen außerhalb eines Kr. gegebenen Punkt eine Gerade zu legen, welche eine Sehne dieses Kr. von gegebener Länge abschneidet.

Aufl. u. Bew. Durch einen concentr. Kr. und eine Tangente an denselben.

22) Durch einen außerhalb eines Kr. gegebenen Punkt eine Gerade zu legen, welche eine Sehne abschneidet, die einem gegebenen W. a als Periph.-W. entspricht.

Aufl. u. Bew. Durch Nr. 21, nachdem der Centriw. $2a$ gebildet worden.

23) Um einen Kr. ein Viereck von der Eigenschaft in §. 26, 6c, zu zeichnen.

Aufl. u. Bew. Durch ein Viereck in den Kr.

24) In einen gegebenen Halbkr. ein Quadrat zu zeichnen.

Aufl. u. Bew. Errichte in dem Endp. des Durchm. eine Senkr. auf denselben, die gleich dem Durchm., verbinde den Endp. derselben mit dem Mittelp.; der Schneidep. ist ein Eckp. des Quadrats.

Anmerk. Solches Quadrat ist $\frac{1}{5}$ von dem des Durchm.

25) In einen gegebenen Viertelskr. (Quadranten) einen Kr. zu beschreiben.

Aufl. u. Bew. Der Mittelp. dieses Kr. liegt in dem Rad., welcher den Centriw. halbirt, und hat 3 gleiche Entfernungen, u. s. w.

26) Ein Dreieck zu zeichnen aus einer S., *a*, der Höhe auf *a*, und dem W. *m*, *a* gegenüber.

Aufl. u. Bew. Ziehe durch den Endp. der Höhe eine Parallele mit *a*, setze *m* an einen Endp. von *a*, und beschreibe einen Kr. durch beide Endp., welcher den anderen Schenkel im Schneidep. berührt; §. 26, 10a.

Anmerk. Trifft der Kr. die Parallele nicht, so existirt kein Dreieck mit diesen Stücken; wird die Parallele Tangente, so giebt es nur ein Dreieck; schneidet sie der Kr., zwei.

27) Ein Dreieck zu zeichnen aus einem W., *m*, der durch seine Spitze gehenden Höhe, und der Summe der drei Seiten.

Aufl. u. Bew. Durch einen Kr. wie in 26; was dort *a* und *m* war, ist hier die Summe der 3 S. und $R + \frac{m}{2}$, u. s. w.

28) Die Potenotsche Aufgabe: Es sind drei nicht in eine Gerade fallende Punkte, *a*, *b*, *c*, gegeben; man soll in derselben Ebene den Ort eines vierten Punktes *d* finden, für welchen W. $adb = m$ und W. $cdb = n$, wo *m* und *n* gegebene W. sind.

Aufl. u. Bew. Durch 2 solcher Kr., wie in 26 u. 27; W. *m* ist an *ab*, W. *n* an *cb* gesetzt, und die Schneidep. der Kr. sind *b* und *d*, u. s. w.

Anmerk. Fallen beide Kr. zusammen, so ist die Aufgabe unbestimmt, weil jeder Punkt im Bogen *ac* genügt; berühren sich beide Kr. in *b*, so existirt ein solcher 4ter Punkt nicht.

29) Ein regelmäßiges 10-, 5-, 15Eck in einen gegebenen Kr. zu zeichnen.

Aufl. u. Bew. Das 10Eck durch §. 21, 15, wo die beliebige Gerade der Halbm. des Kr.; das 5Eck durch das 10Eck; das 15Eck durch das 6Eck und 10Eck, u. s. w.

30) Auf einer gegebenen S. s ein regelmäßiges 10 Eck zu errichten.

Aufl. u. Bew. Durch §. 24, 16, wo $n+s$ der Halbm.

31) Auf einer gegebenen S., s, ein regelm. 5 Eck zu errichten.

Aufl. u. Bew. Durch §. 24, 15, wo $s+n$ eine der Diagonalen, u. s. w.

32) Einen Kr. zu zeichnen, welcher so groß ist, wie die Summe zweier gegebener Kr.

Aufl. u. Bew. Durch §. 24, 7, wo die gleichliegenden Seiten die Durchm. beider Kr.

33) Einen Kr. zu zeichnen, welcher so groß ist, wie die Differenz zweier gegebener Kr.

Aufl. u. Bew. Durch §. 24, 8, mit Bezug auf 32.

34) Einen Kr. zu zeichnen, welcher $\frac{m}{n}$ eines gegebenen Kr. ist.

Aufl. u. Bew. Durch §. 24, 9, wo s, x die Durch- oder Halbm. der Kr. sind.

35) Zwei krummlinige Figuren zu zeichnen, deren Summe so groß ist, wie ein gegebenes rechtw. Dreieck.

Aufl. u. Bew. Durch Nr. 32, wenn man Halbkr. statt der Kr. nimmt, und den über der Hypot. durch die Spitze des rechten W. legt.

Anmerk. Ist das rechtw. Dreieck gleichschenkl., und man beschreibt mit dem gleichen Schenkel einen Quadranten, über der Hypot. einen Halbkr.; so ist die krummlinige Fig. auf der Hypot. so groß, wie das Dreieck Nr. 35.

36) Einen Kr. in n gleiche Theile zu theilen, welche unter sich und mit dem ganzen Kr. isoperimetrisch sind.

Aufl. u. Bew. Ist z. B. $n=3$, so theile den Durchm. in drei gleiche Theile a, b, c, beschreibe über a oberhalb und über $b+c$ unterhalb, über $a+b$ oberhalb und über c unterhalb des Durchm. Halbkreise; §. 22, 11 u. 12, und §. 26, 14 b.

Neunter Abschnitt.

Lösung geometr. Aufgaben durch Algebra.

§. 29.

1) Aus der Diagonale, d, eines Quadrats seine Fläche, f, zu finden.

Aufl. $d^2 = 2f$; daher $f = \frac{d^2}{2}$.

2) Aus dem Flächeninhalte, f, eines Rechtecks, und dessen Diag., d, seine Seiten, a, b, zu finden.

Aufl. $f = ab$, $d^2 = a^2 + b^2$; daher $(a+b)^2 = d^2 + 2f$, $(a-b)^2 = d^2 - 2f$, u. s. w.

3) Aus den 3 Seiten, a, b, c, eines Dreiecks seine Höhe, h auf a, zu finden.

Aufl. Bezeichnet p die Projektion von b auf a, so ist $c^2 = a^2 + b^2 \pm 2ap$, §. 18, 2 u. 3; und $b^2 = p^2 + h^2$; daher, p eliminirt, $(2ah)^2 = (2ab)^2 - (a^2 + b^2 - c^2)^2$, oder,

$$a + b + c = S,$$
$$b + c - a = A,$$
$$a + c - b = B,$$
$$a + b - c = C \text{ gesetzt,}$$
$$(2ah)^2 = ABCS, \text{ u. s. w.}$$

4) Aus den 3 Seiten, a, b, c, eines Dreiecks seine Fläche zu finden.

Aufl. $2ah = 4f$; daher

$$(4f)^2 = ABCS, \text{ Nr. 3, u. s. w.}$$

Anmerk. Für das gleichseitige Dreieck, mit der S. a, ist daher $(4f)^2 = 3a^4$, u. $f = \frac{a^2}{4}\sqrt{3}$.

5) Aus den 3 Seiten, a, b, c, eines Dreiecks den Radius, r, des in das Dreieck beschriebenen Kr. zu finden.

Aufl. Durch §. 27, 10a erhält man

$$r = \frac{2f}{a+b+c} = \frac{\sqrt{ABCS}}{2S}, \text{ Nr. 4.}$$

6) Aus den 3 Seiten, a, b, c, eines Dreiecks den Radius, r, des um das Dreieck beschriebenen Kr. zu finden.

Aufl. Durch §. 27, 10b erhält man

$$r = \frac{abc}{4f} = \frac{abc}{\sqrt{ABCS}}, \text{ Nr. 4.}$$

7) Aus den 2 Seiten, a, b, eines Dreiecks und der Mittellinie m zwischen ihnen, die 3te Seite x und die Fläche f zu finden.

Aufl. Durch §. 18, 5, erhält man

$$x^2 = 2\ (a^2 + b^2 - 2m^2).$$

Für das Dreieck über $2m$, mit den S. a, b, welches gleich dem gegebenen, ist ferner:

$$(4f)^2 = (a+b+2m)\,(a+b-2m)\,(a+2m-b)\,(b+2m-a).$$

8) Aus den 3 Mittellinien, a, b, c, eines Dreiecks die dazu gehörigen Seiten, x, y, z, desselben und die Fläche, f, zu finden.

Aufl. $$\left.\begin{aligned} y^2 + z^2 &= 2a^2 + \frac{x^2}{2} \\ z^2 + x^2 &= 2b^2 + \frac{y^2}{2} \\ x^2 + y^2 &= 2c^2 + \frac{z^2}{2} \end{aligned}\right\} \text{ §. 18, 5;}$$

folglich $x^2 + y^2 + z^2 = \frac{4}{3}\ (a^2 + b^2 + c^2)$, hieraus

$$x^2 = \tfrac{4}{9}\ (2b^2 + 2c^2 - a^2),$$
$$y^2 = \tfrac{4}{9}\ (2a^2 + 2c^2 - b^2),$$
$$z^2 = \tfrac{4}{9}\ (2a^2 + 2b^2 - c^2).$$

Ferner besteht das Dreieck, mit den Seiten x, y, z aus 3 gleichen Dreiecken, deren eins z. B. die Seiten $\frac{2}{3}a$, $\frac{2}{3}b$, und die Mittellinie $\frac{1}{3}c$ hat; §. 23, 13 u. 15; also ist, wegen Nr. 7,

$$f = \tfrac{1}{3}\sqrt{ABCS}.$$

Anmerk. Für das Dreieck mit den Seiten a, b, c wäre $f' = \frac{1}{4}\sqrt{ABCS}$; daher ist das Dreieck aus den Mittellinien a, b, c $\frac{3}{4}$ dessen, von dem es die Mittellinien sind.

9) Aus den 3 Höhen, a, b, c, eines Dreiecks die dazu gehörigen Seiten, x, y, z, und die Fläche, f, zu finden.

Aufl. $ax = 2f$, $by = 2f$, $cz = 2f$; also

$$x = \frac{2f}{a},\quad y = \frac{2f}{b},\quad z = \frac{2f}{c}.$$

Diese Werthe, in $(4f)^2 = ABCS$ gesetzt, geben $f = \frac{(abc)^2}{\sqrt{A^1B^1C^1S^1}}$, wo

$$ab + ac + bc = S^1$$
$$ab + ac - bc = A^1$$
$$ab + bc - ac = B^1$$
$$ac + bc - ab = C^1.$$

Anmerk. Für das gleichseitige Dreieck also: $f = \frac{a^2}{3}\sqrt{3}$.

10) Aus der Seite, a, und der aus der Spitze auf die Gegenseite gezogenen Geraden, d, eines gleichseitigen Dreiecks die Abschnitte der Gegenseite zu finden.

Aufl. Aus §. 27, 11 Anmerk., erhält man, die Abschnitte mit x, $a-x$ bezeichnet,

$$a^2 = d^2 + x\,(a - x),$$

daher für beide Abschnitte:

$$\tfrac{1}{2}\,(a \pm \sqrt{4d^2 - 3a^2}).$$

Anmerk. Also für d = Höhe = $\frac{a}{2}\sqrt{3}$, jeder Abschnitt = $\frac{1}{2}a$.

11) Aus der Hypotenuse, b, und der Fläche, f, eines rechtw. Dreiecks seine Katheten, x, y, zu finden.

Aufl. $xy = 2f$, $x^2 + y^2 = b^2$; daher

$$(x + y)^2 = b^2 + 2f,$$
$$(x - y)^2 = b^2 - 2f, \text{ u. s. w.}$$

12) Aus der Summe, s, der beiden Katheten und der Höhe, h, auf die Hypot. eines rechtw. Dreiecks, seine Seiten, x, y, z, und den Inhalt, f, zu finden.

Aufl. $x + y = s$, $xy = hz$, $x^2 + y^2 = z^2$; daher

$$(x + y)^2 = z^2 + 2hz,$$
$$(x + y)^2 = s^2,$$

woraus sich z ergiebt, alsdann f, darauf durch Nr. 11 x u. y.

13) Aus der Fläche, f, der Höhe, h, und den beiden nicht pa-

rallelen Seiten, c, d, eines Trapezes die Parallelen zu finden.

Aufl. Bezeichnet x die kleinere der beiden Parallelen, und schneidet man durch 2 Höhen 2 Dreiecke ab; so ist

$$xh + \frac{h\sqrt{c^2 - h^2}}{2} + \frac{h\sqrt{d^2 - h^2}}{2} = f, \text{ u. s. w.}$$

14) Aus den 4 S., a, b, c, d, eines Trapezes, wo a die größere, b die kleinere Grundl., die Fläche, f, zu finden.

Aufl. $f^2 = \left(\frac{a+b}{2} \cdot h\right)^2$, $h^2 = \left(\frac{1}{2(a-b)}\right)^2 \cdot ABCS$;

daher $f^2 = \left(\frac{a+b}{a-b}\right)^2 \cdot \frac{S}{2}\left(\frac{S}{2} - (a-b)\right)\left(\frac{S}{2} - c\right)\left(\frac{S}{2} - d\right)$,

wo $S = a - b + c + d$, u. s. w.

15) Aus den beiden Grundl., a, b, und der Höhe, h, eines Trapezes den Radius, r, des umschriebenen Kr. zu finden.

Aufl. Bezeichnet x die Entfernung der einen Grundl. vom Mittelp., also $h \mp x$ die der anderen; so ist

$$r^2 = \tfrac{1}{4}a^2 + x^2 = \tfrac{1}{4}b^2 + (h \mp x)^2; \text{ folglich}$$

$$(2hx)^2 = (\tfrac{1}{4}b^2 - \tfrac{1}{4}a^2 + h^2)^2 = (2hr)^2 - h^2a^2, \text{ u. s. w.}$$

16) Aus der S., a, eines Quadrats, durch dessen Abstumpfung an den 4 Ecken ein regelm. 8Eck entstanden ist, die Seite, s, und Fläche, f, dieses 8Ecks zu finden.

Aufl. $a = s + 2s\sqrt{\tfrac{1}{2}}$, also $s = a(\sqrt{2} - 1)$,

$$f = 8 \cdot \frac{a}{2} \cdot \tfrac{1}{2}a(\sqrt{2} - 1) = 2a^2(\sqrt{2} - 1).$$

Anmerk. Da auch $a = \frac{a}{2} + \frac{s}{2} + s\sqrt{\tfrac{1}{2}} = \frac{a}{2}\sqrt{2} + s\sqrt{\tfrac{1}{2}}$ = halben Diag. des Q. + $s\sqrt{\tfrac{1}{2}}$; so ergeben sich die 8 Punkte des 8Ecks, wenn man von jeder der 4 Ecken aus die halbe Diagonale des Q. auf den Seiten desselben abträgt.

17) Aus dem Rad., r, eines Kr., in dessen Halbkr. ein Quadrat beschrieben, die Seite, a, dieses Quad. zu finden.

Aufl. Aus §. 28, 22 Anmerk. erhält man

$$a^2 = \tfrac{1}{5}(2r)^2, \quad a = \tfrac{2}{5}r\sqrt{5}.$$

18) Aus dem Rad., R, eines Kr., in dessen Quadrant ein Kr. beschrieben, den Rad., r, dieses Kr. zu finden.

Aufl. Bezeichnet x den abgeschnittenen Theil von R, um welchen $R > 2r$; so ist

$$(2r + x)^2 = R^2 = (r + r\sqrt{2})^2 = r^2(3 + 2\sqrt{2}); \text{ daher}$$

$$r^2 = \frac{R^2}{3 + 2\sqrt{2}} = R^2(3 - 2\sqrt{2}), \text{ u. } r = R\sqrt{3 - 2\sqrt{2}}$$
$$= R\,(\sqrt{2} - 1).\text{*)}$$

Anmerk. Wegen Nr. 16 ist r Seite des regelm. 8Ecks, welches aus R^2 durch Abstumpfung der 4 Ecken entsteht.

Ferner ist, da $x = R - 2r = R\,(3 - 2\sqrt{2}) = \frac{r^2}{R}$, r mittlere Proportionale zu R und x.

19) Eine Gerade, pq, ist in m gleiche Theile getheilt, deren jeder $= n''$, und steht senkr. auf einer anderen Geraden, mit den Theilen qa, ab, bc, cd, u. s. w., deren jeder auch $= n''$. Es sollen Kreise gelegt werden, welche die Punkte q, a, b, c, u. s. w. berühren, und sämmtlich durch den Punkt p gehen. Welches Gesetz befolgen ihre Radien r_0, r_1, r_2, r_3, r_4, ...?

Aufl. Für d. Kr., der q berührt, ist $r_0 = \frac{nm^2}{2m}$,

" " " a " " $r_1 = \frac{n(m^2 + 1)}{2m}$,

" " " b " " $r_2 = \frac{n(m^2 + 2^2)}{2m}$,

" " " c " " $r_3 = \frac{n(m^2 + 3^2)}{2m}$,

" " " d " " $r_4 = \frac{n(m^2 + 4^2)}{2m}$,

u. s. w.; §. 26, 12c.

Die 2ten Differenzen dieser Reihe sind beständig; daher ist sie eine arithm. Reihe 2ter Ordnung, und jeder Rad., von dem zweiten an, mit $\frac{2m}{n}$ multiplicirt, die Summe zweier Quadratzahlen.

---

*) Denn $\sqrt{a \pm \sqrt{b}} = \sqrt{\frac{a + \sqrt{a^2 - b}}{2}} \pm \sqrt{\frac{a - \sqrt{a^2 - b}}{2}}$.

Für $m = 3$, $n = 2''$ wird:

$$
\begin{array}{llll}
r_0 = 3 & & & \\
r_1 = 3 + \frac{1}{3} & \text{und} & 3r_1 = 3^2 + 1^2 \\
r_2 = 3 + \frac{2^2}{3} & & 3r_2 = 3^2 + 2^2 \\
r_3 = 3 + \frac{3^2}{3} & & 3r_3 = 3^2 + 3^2 \\
r_4 = 3 + \frac{4^2}{3} & & 3r_4 = 3^2 + 4^2 \\
\text{u. s. w.} & & \text{u. s. w.}
\end{array}
$$

Anmerk. Der $m$te Kr., von dem 2ten an, muß p berühren; die früheren schneiden pq, die späteren die Verlängerung von pq.

20) Aus den drei Seiten a, b, c eines Dreiecks die Radien, r_1, r_2, r_3, der drei Kreise zu berechnen, welche aus seinen Winkelspitzen so beschrieben sind, daß sich je zwei berühren.

Aufl. $r_1 = \frac{1}{2}(a + b - c)$, $r_2 = \frac{1}{2}(b + c - a)$, $r_3 = \frac{1}{2}(c + a - b)$.

21) In einen Kr., zum Halbm., r, sollen 6 gleiche, die Periph. und sich unter einander berührende Kreise gelegt werden; den Halbm. x zu finden.

Aufl. Es entstehen 6 gleichseitige Mittelp.-Dreiecke, jedes mit den Seiten: $2x$, $r - x$, $r - x$: daher $2x = r - x$, $x = \frac{r}{3}$.

22) Die Aufgabe sei dieselbe; aber statt 6 sollen nur 3 gleiche Kr. gelegt werden.

Aufl. Wegen der 3 Mittelp.-Dreiecke, mit den Seiten $2x$, $r - x$, $r - x$, entsteht

$$(r - x)^2 = x^2 + \left(\frac{r - x}{2}\right)^2, \text{ also } x = r(2\sqrt{3} - 3).$$

23) Aus den 3 Seiten, a, b, c. eines Dreiecks die Radien, r, r_1, r_2, r_3, der 4 Kr. zu finden, welche von den Richtungen dieser 3 Seiten tangentirt werden, so wie aus den 4 Halbm. die Fläche, f, des Dreiecks.

Aufl. Bezeichnet r den Halbm. des Kr. im Dreiecke, r_1, r_2, r_3 die der Kr., welche von a, b, c tangentirt werden; so ist, wenn man eine Tangente an den a berührenden Kr. legt, welche die verlängerte b und c schneidet, die Summe dieser beiden Verlängerungen und die Tangente mit P bezeichnet;

$$(P+b+c)\frac{r_1}{2} = f + (P+a)\frac{r_1}{2};$$

$$\text{also: } r_1 = \frac{2f}{A}.$$

$$\text{Ebenso } r_2 = \frac{2f}{B},$$

$$r_3 = \frac{2f}{C},$$

$$\text{und wegen §. 27, 10a, } r = \frac{2f}{S},$$

wo A, B, C, S von der Bedeutung in Nr. 3, u. s. w. Hieraus, und aus Nr. 4, folgt:

$$f^2 = r \cdot r_1 \cdot r_2 \cdot r_3.$$

Anmerk. Für das gleichseitige Dreieck ist, die Höhe mit a bezeichnet, $a = r_1 = r_2 = r_3 = 3r$, daher

$$f^2 = 3.3 \cdot 3r^4, \text{ und}$$

$$f = 3r^2\sqrt{3}.$$

Setzt man $\frac{a}{3} = r$, so entsteht:

$$f = \frac{a^2}{3}\sqrt{3}, \text{ wie Nr. 9 Anmerk.}$$

Setzt man die Seite $= a$, also r, oder $\frac{1}{3}$ der Höhe $= \frac{1}{3} \cdot \frac{a}{2}\sqrt{3}$; so entsteht

$$f = \frac{a^2}{4}\sqrt{3}, \text{ wie Nr. 4 Anmerk.}$$

Aus $\frac{a^2}{4}\sqrt{3} = 3r^2\sqrt{3}$ folgt $a = 2r\sqrt{3}$, die Seite des gleichs. Dreiecks um den Kr., und aus $\frac{a^2}{3}\sqrt{3} = 3r^2\sqrt{3}$, $a = 3r$, die Höhe dieses Dreiecks.

24) Aus dem Halbm., r, eines Kr. die Seite, s, des regelm. 10Ecks in demselben, zu finden, und umgekehrt.

Aufl. Da der W. am Mittelp. eines Mittelp.-Dreiecks im regelm. 10Eck $= \frac{2}{5} R$; so ist, wegen §. 23, 10, $s^2 = r(r-s)$; daher

$$s = \frac{r}{2}(\sqrt{5}-1), \text{ und hieraus}$$

$$r = \frac{s}{2}(\sqrt{5}+1).$$

25) Aus dem Halbm., r, eines Kr., und der Seite, s, des regelm. 10Ecks in demselben, die Seite, S, des regelm. 5Ecks in demselben zu finden.

Aufl. Halbirt man einen W. an der Grundl. des Mittelp.-Dreiecks im 10Eck, so ist das Loth aus eben der Winkelspitze auf die Gegenseite: $\frac{S}{2}$, und $\left(\frac{S}{2}\right)^2 = s^2 - \left(\frac{r-s}{2}\right)^2$; daher $S^2 = 3s^2 - r^2 + 2rs$; aber $2rs = 2r^2 - 2s^2$, Nr. 24; folglich $S^2 = s^2 + r^2$.

26) Aus dem Halbm., r, eines Kr. die Seite, S, des regelm. 5Ecks in demselben, zu finden.

Aufl. $S = \sqrt{\frac{r^2}{4}(\sqrt{5}-1)^2 + r^2} = r\sqrt{\frac{5-\sqrt{5}}{2}}$; Nr. 24 und 25.

27) Aus dem Rad., r, eines Kr. die Seite, c, des regelm. 15Ecks in demselben, zu finden.

Aufl. Sind r, b, c die Sehnen des regelm. 6-, 10-, 15Ecks in diesem Kr., also die der Bogen $\frac{1}{6}$, $\frac{1}{10}$, $\frac{1}{15}$ seiner Periph.; so ist, da $\frac{1}{6} - \frac{1}{10} = \frac{1}{15}$, wegen §. 28, 13: $c = \frac{1}{2}(\sqrt{4r^2 - b^2} - b\sqrt{3})$, und, aus Nr. 24 für b den Werth gesetzt:

$$c = \frac{r}{4}(\sqrt{10+2\sqrt{5}} + \sqrt{3} - \sqrt{15}).$$

28) Aus dem Rad., r, eines Kr. die Seite des regelm. 12-, 24-, 8-, 16-, 20Ecks in demselben zu finden.

Aufl. Da die S. des 6Ecks $= r$, die des 4Ecks $= r\sqrt{2}$, die des 10Ecks $= \frac{r}{2}(\sqrt{5}-1)$; so folgt aus §. 26, 16, Nr. 2:

S. des regelm. 12Ecks $= r\cdot\sqrt{2-\sqrt{3}}$,

" " " 24 " $= r\cdot\sqrt{2-\sqrt{2+\sqrt{3}}}$,

" " " 8 " $= r\cdot\sqrt{2-\sqrt{2}}$,

" " " 16 " $= r\cdot\sqrt{2-\sqrt{2+\sqrt{2}}}$,

" " " 20 " $= r\cdot\sqrt{2-\sqrt{\frac{5+\sqrt{5}}{2}}}$.

29) Aus dem Rad., r, eines Kr. die Seite des regelm. 6=, 12=, 4=, 8=, 5=, 10Ecks um denselben zu finden.

Aufl. Da die Seiten dieser Vielecke im Kr. aus 28, 24 und 26 bekannt sind, so folgt für dieselben um den Kr., aus §. 26, 16 Nr. 3:

S. des regelm. 6Ecks $= \frac{2}{3}r\cdot\sqrt{3}$,
„ „ „ 12 „ $= 2r\cdot(2-\sqrt{3})$,
„ „ „ 4 „ $= 2r$,
„ „ „ 8 „ $= 2r\cdot(\sqrt{2}-1)$,
„ „ „ 5 „ $= 2r\cdot\sqrt{5-2\sqrt{5}}$,
„ „ „ 10 „ $= 2r\cdot\sqrt{\frac{5-2\sqrt{5}}{2}}$.

30) 1. Aus dem Rad., r, eines Kr. und der Höhe, h, eines Bogens desselben seine Sehne s; 2. aus h und s wieder r; 3. aus r und s wieder h zu finden.

Aufl. $s = 2\sqrt{(2r-h)h}$,

$$r = \frac{s^2+4h^2}{8h},$$

$$h = r \pm \sqrt{\left(r+\frac{s}{2}\right)\left(r-\frac{s}{2}\right)}.$$

31) Aus dem Rad., r, eines Kr. und zwei parallelen Sehnen, S und s, die Entfernung, e, dieser Sehnen zu finden.

Aufl. $e = \sqrt{\left(r+\frac{s}{2}\right)\left(r-\frac{s}{2}\right)} \pm \sqrt{\left(r+\frac{S}{2}\right)\left(r-\frac{S}{2}\right)}$.

32) Aus dem Rad., r, eines Kr. den Rad., x, eines anderen zu finden, 1. dessen Periph. $\frac{m}{n}$, 2. dessen Fläche $\frac{m}{n}$ des gegebenen ist.

Aufl. 1. $x = \frac{m}{n}r$,

2. $x = r\sqrt{\frac{m}{n}}$.

33) Aus den Radien, R, r, zweier Kr. den Rad., x, eines anderen zu finden, 1. dessen Periph. gleich der Summe oder der Differenz der Peripherien, 2. dessen Fläche gleich der Summe oder der Differenz beider ist.

Aufl. 1. $x = R \pm r$,

2. $x = \sqrt{R^2 \pm r^2}$.

34) 1. Aus den Radien, R, r, zweier concentr. Kr. die Fläche, f, des Ringes, 2. aus f und R wieder r, 3. aus f und r wieder R, 4. aus f und R die Entfernung, e, dieser Kr. zu finden.

Aufl.
$$f = \pi\,(R + r)(R - r),$$
$$r = \sqrt{R^2 - \frac{f}{\pi}},$$
$$R = \sqrt{r^2 + \frac{f}{\pi}},$$
$$e = R - \sqrt{R^2 - \frac{f}{\pi}}.$$

Zehnter Abschnitt.

Construktion algebraischer Ausdrücke.

§. 11.

1) Für folgende Ausdrücke die Linien zu construiren:

1. $\frac{ab}{c}$, 2. $\sqrt{ab}$, 3. $\sqrt{a^2 + b^2}$, 4. $\sqrt{a^2 - b^2}$.

Aufl. Die Linie für 1 ist die 4te Proportionale zu a, b, c; die für 2 die mittlere zu a, b; die für 3 die Hypot. des rechtw. Dreiecks, dessen Katheten a, b; die für 4 die Kathete des rechtw. Dreiecks, dessen Hypot. a, und eine Kathete b.

2) Dreieck abc vom Punkte p in S. ab in 2 gleiche Theile zu theilen.

Aufl. Liegt p näher an b als an a, so schneidet die Theilungsl. px die S. ac; daher
$\frac{\triangle axp}{\triangle abc} = \frac{ax \cdot ap}{ab \cdot ac} = \frac{1}{2}$; §. 17, 7, Anmerk., also $ax = \frac{ab \cdot ac}{2ap}$, u. s. w.

3) $\frac{abc}{gh}$ zu construiren.

Aufl. Es ist die Linie $\frac{mc}{h}$, wo m die Linie $\frac{ab}{g}$.

4) $\sqrt{\frac{abc}{d}}$ zu construiren.

Aufl. Es ist die Linie $\sqrt{nc}$, wo n die Linie $\frac{ab}{d}$.

5) $\sqrt{a^2 + ab}$ zu construiren.

Aufl. Es ist die Linie $\sqrt{(a+b)a}$.

6) $\sqrt{a^2 + bc}$ zu construiren.

Aufl. Es ist die Linie $\sqrt{a\left(a + \frac{bc}{a}\right)}, = \sqrt{a(a+m)}$, wo m die Linie $\frac{bc}{a}$; oder die Linie $\sqrt{a^2+n^2}$, wo n die Linie $\sqrt{bc}$.

7) $\sqrt{ab \pm pq}$ zu construiren.

Aufl. Es ist die Linie $\sqrt{a\left(b \pm \frac{pq}{a}\right)}$, u. s. w.

8) $\sqrt{a^2+b^2 \pm 2pc}$ zu construiren.

Aufl. Es ist die Linie $\sqrt{m^2 \pm n^2}$, wo m die Linie $\sqrt{a^2 + b^2}$, und n die: $\sqrt{2pc}$.

Anmerk. $\sqrt{a^2 + b^2 \pm 2aq} = \sqrt{a^2 + b^2 \pm 2aq + q^2 - q^2}$
$= \sqrt{(a \pm q)^2 + b^2 - q^2} = \sqrt{(a \pm q)^2 + m^2}$,
also die Hypot. eines rechtw. Dreiecks, dessen Katheten $a \pm q$ und $\sqrt{b^2 - q^2}$; oder die Seite eines stumpf- oder spitzw. Dreiecks, wo a, b den stumpfen oder spitzen W. einschließen; §. 18, 2 und 3.

9) $\frac{a}{2}\sqrt{3}$ zu construiren.

Aufl. Es ist die Linie $\sqrt{\frac{3a^2}{4}} = \sqrt{a^2 - \left(\frac{a}{2}\right)^2}$; also die Höhe des gleichs. Dreiecks, dessen Seite $= a$.

10) $2r\sqrt{3}$ zu construiren.

Aufl. Es ist die Linie $\sqrt{12r^2} = \sqrt{3r^2 + 9r^2}$, also die Seite des gleichs. Dreiecks, dessen Höhe $= 3r$, und $\sqrt{3r^2+9r^2}$ $= \sqrt{mr + m^2} = \sqrt{n^2 + m^2}$, wo $m = 3r$, und $n = \sqrt{mr}$.

11) Die Gerade r in das äußere und mittlere Verhältniß zu theilen.

Aufl. Aus $\frac{x}{r} = \frac{r - x}{x}$ folgt: $x^2 + rx = r^2$, und $x = \sqrt{r^2 + \left(\frac{r}{2}\right)^2} - \frac{r}{2}$; also ist x das größere Stück von r, welches entsteht, wenn man von der Hypot. des rechtw. Dreiecks, dessen Katheten r, $\frac{r}{2}$, die kleine Kathete abschneidet; §. 18, 1.

12) $\frac{r}{2}(\sqrt{5} - 1)$ zu construiren.

Aufl. Es ist die Linie

$$\frac{r}{2}\sqrt{5} - \frac{r}{2} = \sqrt{\frac{5r^2}{4}} - \frac{r}{2} = \sqrt{r^2 + \left(\frac{r}{2}\right)^2} - \frac{r}{2},$$

also die S. des regelm. 10Ecks, wenn r der Rad.

13) Ein gegebenes Dreieck inein gleichseitiges zu verwandeln.

Aufl. Sind a, h Grundl. und Höhe des gegebenen, x, y die des zu suchenden Dreiecks; so ist

$$y = \sqrt{\frac{ah\sqrt{3}}{2}} = \sqrt{h \cdot \sqrt{a^2 - \left(\frac{a}{2}\right)^2}} = \sqrt{h \cdot b}, \text{ wo } b = \sqrt{a^2 - \left(\frac{a}{2}\right)^2}$$

und = der Höhe des gleichs. Dreiecks über a; §. 24, 12.

14) Es soll die Seite c, eines Dreiecks, dessen Seiten a, b, c, mit einer gegebenen Linie, d, parallel gelegt werden, ohne, daß der Inhalt des Dreiecks, oder der W., den a, b bilden, sich ändert.

Fig. 20.

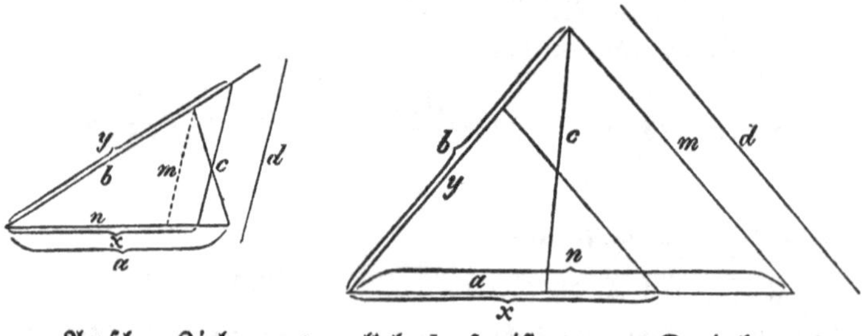

Aufl. Ziehe m parallel d, so ist, wenn Dreieck xy das verlangte vorstellt:

$$xy = ab, \text{ §. 17, 7, Anmerk.},$$
$$\frac{x}{y} = \frac{n}{b},$$

also $x^2 = an$, und $x = \sqrt{an}$; daher ist x die Linie, deren Projektion auf $a = n$, u. s. w.

15) Ein gegebenes Dreieck in ein Trapez zu verwandeln, von welchem eine Grundl. a, und die beiden daran liegenden W. m, n, gegeben sind.

Aufl. Durch Nr. 14; denn ist das gegebene Dreieck zuerst in das Dreieck ab, also in eins mit der S. a und dem W. m verwandelt, dann W. n angesetzt, und durch Verlängerungen Dreieck cq gebildet worden; so lege, nach Nr. 14, c parallel a, u. s. w.

Fig. 21.

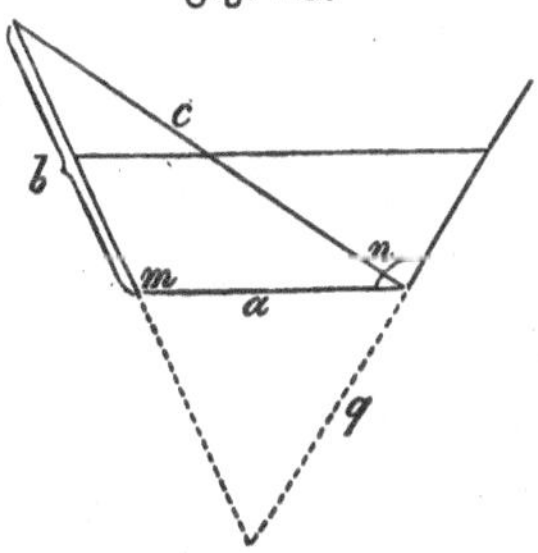

Anmerk. Auch die Aufgabe §. 24, 13, läßt sich durch Nr. 14 lösen.

16) Durch den Punkt n, in der S. eines Parallelog. die Gerade zu construiren, welche mit den Schenkeln des W. m ein Dreieck bildet, welches so groß ist wie das Parallelog.

Aufl. Das Dreieck ist gleich dem Parallelog., wenn $A + B = C$. Nun ist

$$\frac{A}{C} = \frac{a^2}{c^2}, \quad \frac{B}{C} = \frac{x^2}{c^2},$$

also $A + B = \dfrac{C(a^2 + x^2)}{c^2}$,

Fig. 22.

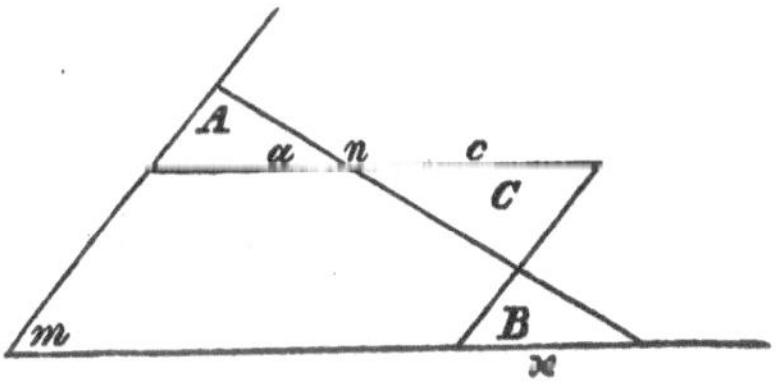

und hieraus: $x = \sqrt{c^2 - a^2}$. Für $a = c$ ist $x = o$; für $a > c$ die Aufgabe unmöglich.

17) Es ist ein W. xb und außerhalb desselben ein Punkt d gegeben; durch ihn eine Gerade zu construiren, welche ein Dreieck von dem bestimmten Inhalt q abschneidet.

Fig. 23.

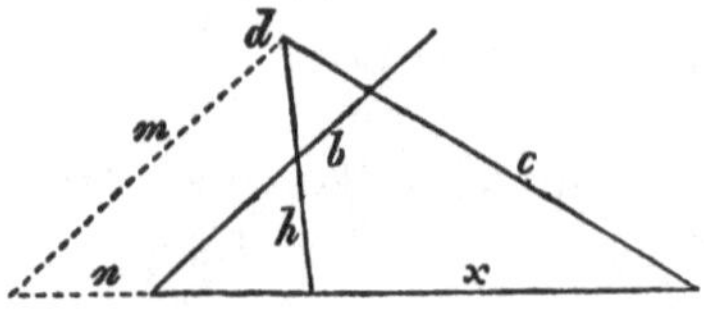

Aufl. Hat Dreieck xbc den Inhalt q, so ziehe m ‡ b und das Loth h; folglich $\frac{\frac{1}{2}(n+x)h}{q} = \frac{(n+x)^2}{x^2}$, daher $\frac{h}{2q} = \frac{n+x}{x^2}$, und hieraus: $x = \frac{q}{h} \pm \sqrt{\left(\frac{q}{h} + 2n\right)\frac{q}{h}}$, oder, q gleich dem Rechtecke hp gemacht, was immer möglich, $x = p + \sqrt{(p+2n)p}$, u. s. w.

18) Zu den Seiten A, B, C eines Dreiecks, in gleicher Entfernung, die Parallelen a, b, c so zu legen, daß dadurch ein Dreieck gebildet werde, welches $\frac{m}{n}$ des gegebenen ist.

Aufl. Verbindet man die gleichliegenden Winkelspitzen beider Dreiecke, bezeichnet die zu suchende Höhe der entstehenden Trapeze mit x, die Flächen beider Dreiecke mit F, f; ihre Umfänge mit S, s; so ist

$$F - f = \frac{A+a}{2} \cdot x + \frac{B+b}{2} \cdot x + \frac{C+c}{2} \cdot x = \frac{S+s}{2} \cdot x,$$

$$\text{und } \frac{a^2}{A^2} = \frac{b^2}{B^2} = \frac{c^2}{C^2} = \frac{f}{F} = \frac{m}{n}; \text{ also}$$

$$\frac{a}{A} = \frac{b}{B} = \frac{c}{C} = \frac{\sqrt{m}}{\sqrt{n}} = \frac{s}{S}; \text{ daher}$$

$$F\left(1 - \frac{m}{n}\right) = \frac{S\left(1 + \sqrt{\frac{m}{n}}\right)}{2} \cdot x; \text{ hieraus}$$

$$x = \frac{2F\left(1 - \sqrt{\frac{m}{n}}\right)}{S} = r\left(1 - \sqrt{\frac{m}{n}}\right)$$

$$= r - r\sqrt{\frac{m}{n}} = r - \sqrt{\frac{m}{n} r \cdot r}; \text{ §. 29, 5.}$$

Ist $\frac{m}{n} > 1$, so fallen die Parallelen außerhalb des Dreiecks ABC, und es wird

$$x = \sqrt{\frac{m}{n} r \cdot r} - r.$$

FSC
www.fsc.org
MIX
Papier | Fördert
gute Waldnutzung
FSC® C083411

Kolibri 360 GmbH
Ferdinand-Jühlke-Straße 7
99095 Erfurt, Deutschland
produktsicherheit@kolibri360.de